U0315553

网页制作实训教程
编委会

网页制作
实训教程

邓俊英　谢翠芬　主编

暨南大学出版社
JINAN UNIVERSITY PRESS

中国·广州

图书在版编目（CIP）数据

网页制作实训教程/邓俊英，谢翠芬主编 . —广州：暨南大学出版社，2015.7
ISBN 978 - 7 - 5668 - 1423 -4

Ⅰ. ①网…　Ⅱ. ①邓…②谢…　Ⅲ. ①网页制作工具—中等专业学校—教材
Ⅳ. ①TP393.092

中国版本图书馆 CIP 数据核字（2015）第 098016 号

出版发行：暨南大学出版社

地　　址：中国广州暨南大学
电　　话：总编室（8620）85221601
　　　　　营销部（8620）85225284　85228291　85228292（邮购）
传　　真：（8620）85221583（办公室）　85223774（营销部）
邮　　编：510630
网　　址：http：//www. jnupress. com　http：//press. jnu. edu. cn

排　　版：广州市天河星辰文化发展部照排中心
印　　刷：广东广州日报传媒股份有限公司印务分公司

开　　本：787mm×1092mm　1/16
印　　张：12.5
字　　数：312 千
版　　次：2015 年 7 月第 1 版
印　　次：2015 年 7 月第 1 次

定　　价：30.00 元

前　言

本书以"项目教学"的方式进行静态网页制作的学习，实例由浅入深，通俗易懂，图文并茂，整个实训步骤详细清晰，全面而系统地介绍了 Dreamweaver CS6 在制作静态网页过程中的功能和使用技巧。本书适合作为中等职业技术学校"网页制作"课程的教材，同时也可作为初中级网页制作人员的自学用书。

全书以 Dreamweaver 的可视化操作为基础，辅以 HTML 和 CSS 的理论知识，分为 7 个教学项目（共计 32 个工作任务）：站点与页面，文字、超链接与列表，图片与多媒体，表格，表单与 Spry 组件，层与框架，网页版面布局。每个项目按照"项目（项目说明、专业能力、方法能力）—任务（任务说明、任务目标、实训步骤、拓展练习）"的结构进行知识内容的组织。

本书由邓俊英、谢翠芬担任主编，陆建华和佛山市友易计算机有限公司的潘豪骏担任副主编，陈启浓、唐凡江、郑英、庄标英参编。

由于编者水平有限，书中难免有缺点和错误，敬请广大读者批评指正。联系邮箱 251171623@ qq. com。

编　者
2015 年 4 月

目　录

前　言 ……………………………………………………………………………………… 1

项目一　站点与页面 ……………………………………………………………………… 1
　　任务 1　站点的创建与管理 ………………………………………………………… 1
　　任务 2　页面的属性设置 …………………………………………………………… 8
　　任务 3　页面与"行为"的运用 …………………………………………………… 13
　　任务 4　页面与 JavaScript 脚本 ………………………………………………… 17
　　任务 5　页面与 CSS ………………………………………………………………… 21

项目二　文字、超链接与列表 ………………………………………………………… 25
　　任务 1　文字的运用 ………………………………………………………………… 25
　　任务 2　文字与 CSS ………………………………………………………………… 34
　　任务 3　超链接的运用 ……………………………………………………………… 38
　　任务 4　超链接与 CSS ……………………………………………………………… 47
　　任务 5　列表的运用 ………………………………………………………………… 50
　　任务 6　列表与 CSS ………………………………………………………………… 55

项目三　图片与多媒体 ………………………………………………………………… 60
　　任务 1　图片的运用 ………………………………………………………………… 60
　　任务 2　图片与"行为"的运用 …………………………………………………… 68
　　任务 3　图片与 CSS 基本滤镜 …………………………………………………… 75
　　任务 4　图片与 CSS 高级滤镜 …………………………………………………… 81
　　任务 5　图片与 JavaScript 脚本 ………………………………………………… 88
　　任务 6　多媒体的运用 ……………………………………………………………… 94

项目四　表格 …………………………………………………………………………… 100
　　任务 1　简单表格的制作 …………………………………………………………… 100
　　任务 2　图文表格的制作 …………………………………………………………… 108
　　任务 3　新闻页面的表格布局 ……………………………………………………… 115
　　任务 4　表格与 CSS ………………………………………………………………… 121

项目五　表单与 Spry 组件 ································ 124

　　任务1　表单的运用(登录页面) ···················· 124

　　任务2　表单的运用(注册页面) ···················· 130

　　任务3　Spry 组件的运用(登录页面) ··············· 137

　　任务4　Spry 组件的运用(注册页面) ··············· 142

项目六　层与框架 ······································· 151

　　任务1　层的运用(显示—隐藏元素) ··············· 151

　　任务2　层的运用(拖动 AP 元素) ················· 158

　　任务3　框架的运用 ····························· 163

　　任务4　浮动框架(嵌入式框架)的运用 ············· 171

项目七　网页版面布局 ··································· 182

　　任务1　利用表格布局页面 ······················· 182

　　任务2　利用 iframe 布局页面 ···················· 186

　　任务3　利用 CSS + DIV 布局页面 ················· 190

参考文献 ·· 195

项目一　站点与页面

项目说明

使用 Dreamweaver 制作网站，第一步建立站点，第二步创建页面。本项目将向读者详细介绍站点与页面的有关操作，为学习网页制作打下坚实的基础，并养成良好的操作习惯。

专业能力

1. 懂得站点内文件夹和文件的命名规则
2. 会创建、能管理 Dreamweaver 站点和页面
3. 会设置页面的属性，能制作页面常见效果
4. 懂得与页面有关的 HTML 标记和 CSS 应用

方法能力

1. 能根据项目要求创建、管理 Dreamweaver 站点和页面，且步骤正确
2. 能对创建、管理站点与页面过程中的错误现象提出解决办法
3. 能熟练地通过 Dreamweaver 的可视化操作设置页面效果
4. 能正确利用 HTML 和 CSS 美化页面效果
5. 能对页面应用过程中的错误现象提出解决办法

任务 1　站点的创建与管理

任务说明

本任务将创建一个 Dreamweaver CS6 站点，并对该站点进行管理，最终效果如下图所示。

 任务目标

通过本任务的学习，读者能够掌握如何创建站点，如何管理站点，以及如何新建、编辑文件和文件夹。

 实训步骤

（1）在 D 盘创建文件夹 website，将文件夹 D：\ website 作为网站的本地根目录。制作网站的过程中，有关的网页、图片、动画、视频等文件与素材统一存放在该文件夹内。

提示：网站制作对文件和文件夹命名的要求：

①网站的本地根目录不推荐存放在系统的桌面。

②文件或文件夹的名称建议使用小写英文字母、拼音或数字。

③文件或文件夹的名称不可以使用中文和空格之类的非法字符。

④文件或文件夹的命名应有规律，易于理解，便于日后管理。

⑤网站素材应该分类存放在不同的文件夹，如图片文件存放在根目录下名为"images"的文件夹中，其他文件可根据其所属类型，存放于不同的文件夹。

（2）运行 Dreamweaver CS6，默认启动界面如图 1 - 1 - 1 所示。

（3）在弹出的对话框中，单击"新建—Dreamweaver 站点"弹出"站点设置对象"对话框，创建新的 Dreamweaver 站点，如图 1 - 1 - 2 所示。或者执行"站点—新建站点"命令，如图 1 - 1 - 3 所示。

图 1 - 1 - 1

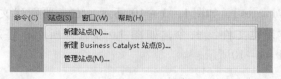

图 1 – 1 – 2　　　　　　　　　　　　　　　图 1 – 1 – 3

（4）选择"站点设置对象"对话框左侧的"站点"选项，在右侧的"站点名称"中输入"webpage"；单击"浏览文件夹"按钮 ，弹出"选择根文件夹"对话框，在该对话框中选择站点的本地根目录位置 D：\ website，如图 1 – 1 – 4 所示；单击"选择"按钮后返回"站点设置对象"对话框，如图 1 – 1 – 5 所示；最后单击"保存"按钮，完成站点的创建，如图 1 – 1 – 6 所示。

图 1 – 1 – 4　　　　　　　　图 1 – 1 – 5　　　　　　　　图 1 – 1 – 6

（5）设置 Dreamweaver 的首选参数。执行"编辑—首选参数"命令，弹出"首选参数"对话框，左侧选择"常规"，右侧勾选"允许多个连续的空格"，如图 1 – 1 – 7 所示。左侧选择"新建文档"，在右侧"默认编码"中选择所需的文档编码类型，默认编码为"Unicode（UTF – 8）"，本书的所有网页文件采用"Unicode（UTF – 8）"编码；设置该选项后，在"文件"面板中新建的网页文件将全部采用所设的编码类型，如图 1 – 1 – 8 所示。

提示：对于已有的网页文件，可执行"修改—页面属性—标题/编码"命令重新设置文档的编码类型。

图 1 – 1 – 7　　　　　　　　　　　　　　图 1 – 1 – 8

（6）打开如图 1 – 1 – 6 所示的"文件"面板，在想新建文件夹的位置右击，在弹出的快捷菜单中选择"新建文件夹"命令，如图 1 – 1 – 9 所示；将新建的文件夹命名为"images"，如图 1 – 1 – 10 所示。右击要新建文件夹的位置，在弹出的快捷菜单中选择"新建文件"命令，如图 1 – 1 – 9 所示；将新建的文件命名为"0101. html"，如图 1 – 1 – 10所示。

图 1 – 1 – 9

图 1 – 1 – 10

（7）选中要移动的文件或文件夹，直接拖曳文件或文件夹到相应的位置即可完成移动操作。另外，选中要编辑的文件或文件夹，右击弹出快捷菜单，可执行"编辑"命令，进行剪切、拷贝、粘贴、删除、复制和重命名的操作，如图 1 – 1 – 11 所示。

（8）执行"站点—管理站点"命令，或在"文件"面板中执行"管理站点"命令，可对站点进行管理，如图 1 – 1 – 12 和图 1 – 1 – 13 所示。

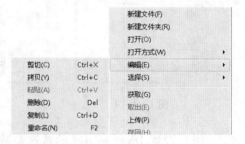

图 1 – 1 – 11

图 1 – 1 – 12

图 1 – 1 – 13

（9）执行"管理站点"命令后打开"管理站点"对话框，如图 1 -1 -14 所示。

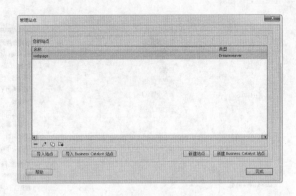

图 1 -1 -14

（10）在"管理站点"对话框中，选中要编辑的站点，点击"编辑当前选定的站点"按钮 ✎ ，打开如图 1 -1 -5 所示的"站点设置对象"对话框，对站点进行编辑。另外，在"管理站点"对话框中还可以点击 ▬ 按钮删除当前选定的站点，点击 ⎙ 按钮复制当前选定的站点，点击 ➡ 按钮导出当前选定的站点（保存为"站点定义文件 . ste"），点击 导入站点 按钮从 Dreamweaver 站点定义文件中导入站点，点击 新建站点 按钮创建 Dreamweaver 站点。

（11）在"文件"面板中，双击需要编辑的网页文件（如 0101. html），可以在 Dream-weaver 的"文档编辑区"打开相应的文件进行编辑，如图 1 -1 -15 所示。

图 1 -1 -15

（12）如图 1 -1 -15 所示的 Dreamweaver CS6 用户界面，可通过执行"查看"菜单的命令或"窗口—工作区布局"的命令进行工作区的布局，如图 1 -1 -16 和图 1 -1 -17

所示。

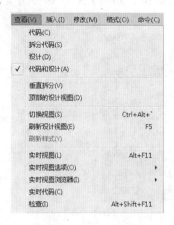 

图 1 – 1 – 16　　　　　　　　　　图 1 – 1 – 17

（13）Dreamweaver CS6 用户界面的各主要组成部分介绍如下：
① "菜单栏"，如图 1 – 1 – 18 所示。

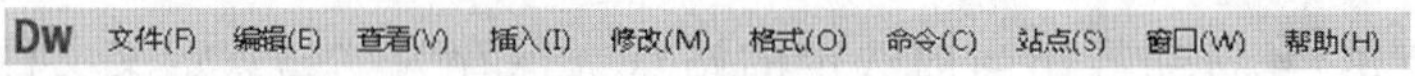

Dw 文件(F) 编辑(E) 查看(V) 插入(I) 修改(M) 格式(O) 命令(C) 站点(S) 窗口(W) 帮助(H)

图 1 – 1 – 18

② "文档编辑区"，如图 1 – 1 – 19 所示。

图 1 – 1 – 19

③ "状态栏"，如图 1 – 1 – 20 所示。

〈body〉　　　　　　　　100%　　　　580 x 481 ✓ 1 K / 1 秒 Unicode (UTF-8)

图 1 – 1 – 20

④ "属性面板",如图 1 – 1 –21 所示。

图 1 – 1 –21

⑤ "面板组",如图 1 – 1 –22 所示(可以通过"窗口"菜单显示其他面板)。

图 1 – 1 – 22

 拓展练习

按照以下要求建立 Dreamweaver 站点(本地路径为 D:\ CS6):①站点文件夹中包括主页文件(文件名为"index. html"),文件夹 html、images、admin、database、others;②在文件夹 images 中建立 dopic 与 donepic 两个子文件夹;③在文件夹 admin 中创建页面文件 adminindex. html。

任务 2 页面的属性设置

 任务说明

本任务将制作含有背景颜色、背景图像的网页，最终效果如下图所示。

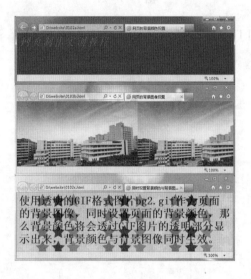

 任务目标

通过本任务的学习，读者能够掌握如何添加页面字体，如何设置背景颜色和背景图像，如何制作页面刷新效果。

 实训步骤

（1）在 D 盘创建文件夹 website，将文件夹 D：\ website 作为本任务的本地根目录，并以此建立 Dreamweaver 站点 webpage，在站点中新建三个页面 0102a. html、0102b. html 和 0102c. html，并将图片素材复制到站点，如图 1 - 2 - 1 所示。

（2）双击 0102a. html，在 Dreamweaver 的文档编辑区中打开该文档，并点击文档编辑区中的 拆分 按钮，使用"拆分"编辑模式显示"代码"视图和"设计"视图，如图 1 - 2 - 2 所示。

（3）在文档编辑区的"标题"输入框中输入"网页的背景颜色设置"，然后按回车键确认输入的内容，如图

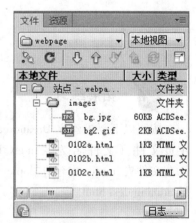

图 1 - 2 - 1

1－2－3 所示。同时在代码视图中可以看到如图
1－2－4所示的 HTML 代码内容。保存页面，点击文档
编辑区的  按钮，在所选择的浏览器中浏览网页效
果（或直接按 F12 打开 Internet Explorer 进行页面浏
览，本书使用 Internet Explorer 9 进行页面浏览）。在打
开的 Internet Explorer 窗口中，可以在标题栏位置看到
刚才输入的文字内容"网页的背景颜色设置"，如图
1－2－5所示。

图 1－2－2

提示：如果页面有进行编辑修改操作，那么在文档编辑区的页面名称标签中将会出现
标识"＊"，如 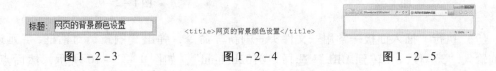。保存页面后，标识"＊"将会消失。

标题： 网页的背景颜色设置	`<title>网页的背景颜色设置</title>`	
图 1－2－3	图 1－2－4	图 1－2－5

（4）在 0102a. html 的"设计"视图中输入文字内容"网页制作实训教程"，然后点击
"属性"面板（可以执行"窗口—属性"命令打开"属性"面板）的 **页面属性...** 按
钮，打开"页面属性"对话框，执行"分类—外观（CSS）"命令，对页面的外观进行设
置，如图 1－2－6 所示。

（5）单击"默认字体"右侧的 ▼ 按钮，在弹出的菜单中选择"编辑字体列表"命令，
弹出"编辑字体列表"对话框。在"可用字体"列表框中选择"华文仿宋"，单击 《《 按
钮将其添加到字体列表中，如图 1－2－7 所示。单击 ＋ 按钮，并重复上面的操作加入其他
字体，完成后单击"确定"按钮。

图 1－2－6

图 1－2－7

（6）在"外观（CSS）"对话框中，页面字体选择"华文仿宋"，单击 **B** 按钮设置字
体加粗效果，单击 **I** 按钮设置字体倾斜效果，字体大小选择"36px"，文本颜色选择"红
色"（#F00），背景颜色选择"蓝色"（#00F），如图 1－2－8 所示。然后单击"确定"按

钮，0102a. html 在文档编辑区域中的效果如图 1 – 2 – 9 所示。

提示：在"外观（CSS）"对话框中设置的字体效果对整个页面的字体均起作用，如果只需要设置部分字体的效果，则不适合使用该方法。

 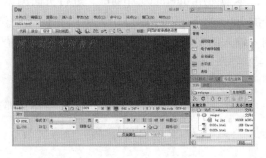

图 1 – 2 – 8　　　　　　　　　　　　　　　　　图 1 – 2 – 9

（7）执行"插入面板—常用—文件头—刷新"命令，弹出"刷新"对话框，"延迟"时间输入"3"秒，"转到 URL"选择"0102b. html"，如图 1 – 2 – 10 所示，然后点击"确定"按钮。至此，完成 0102a. html 的制作，保存 0102a. html，按 F12 打开 Internet Explorer 进行页面浏览。

图 1 – 2 – 10

（8）打开 Internet Explorer 浏览 0102a. html，如图 1 – 2 – 11 所示。点击图 1 – 2 – 12 中的 允许阻止的内容(A) 按钮，可以允许脚本或 ActiveX 控件在此网页中运行。

图 1 – 2 – 11　　　　　　　　　　　　　图 1 – 2 – 12

提示：允许脚本或 ActiveX 控件在网页中运行可以通过更改 Internet Explorer 的设置进

行统一操作。步骤如下：Internet Explorer 工具— Internet 选项—高级—勾选"允许活动内容在我的计算机上的文件中运行"，如图 1-2-13 所示。

（9）双击 0102b.html，在 Dreamweaver 的文档编辑区中打开该文档，并点击文档编辑区中的 设计 按钮，使用"设计"编辑模式显示"设计"视图。

（10）在文档编辑区的"标题"输入框中输入"网页的背景图像设置"，然后按回车键确认输入的内容，如图 1-2-14 所示。

（11）点击"属性"面板上的"页面属性"按钮，弹出"页面属性"对话框。执行"分类—外观（CSS）"命令，在"外观（CSS）"对话框中，"背景图像"选择站点根目录的子文件夹 images 的图片 bg.jpg，如图 1-2-15 所示。然后单击"确定"按钮，0102b.html 在文档编辑区域中的效果如图 1-2-16 所示。至此，完成 0102b.html 的制作，保存 0102b.html，按 F12 打开 Internet Explorer 进行页面浏览，如图 1-2-17 所示。

图 1-2-13

标题：网页的背景图像设置

图 1-2-14

提示：在"外观（CSS）"对话框中，可以通过"重复"选项对背景图像的显示效果进行设置。选择"no-repeat"，背景图像不重复显示；选择"repeat"，背景图像重复显示；选择"repeat-x"，背景图像横向重复显示；选择"repeat-y"，背景图像纵向重复显示。

图 1-2-15

图 1-2-16

图 1-2-17

图 1-2-18

（12）除了可以在"外观（CSS）"对话框中对页面的背景颜色、背景图像、文本颜色等进行设置外，还可以通过"外观（HTML）"对话框进行设置，如图 1 - 2 - 18 所示。两个方法制作的页面效果是一样的，只是在页面代码方面有区别。以设置页面背景颜色为例，通过"外观（CSS）"设置背景颜色，则页面代码如图 1 - 2 - 19 所示；通过"外观（HTML）"设置背景颜色，则页面代码如图 1 - 2 - 20 所示。

```
body {
    background-color: #00F;
}
```

<body bgcolor="#FF0000">

图 1 - 2 - 19   图 1 - 2 - 20

（13）双击 0102c. html，在 Dreamweaver 的文档编辑区中打开该文档，并点击文档编辑区中的 设计 按钮，使用"设计"编辑模式显示"设计"视图。

（14）在文档编辑区的"标题"输入框中输入"同时设置背景颜色与背景图像"，然后按回车键确认输入的内容，如图 1 - 2 - 21 所示。同时，在页面中输入文字内容："使用透明的 GIF 格式图片 bg2. gif 作为页面的背景图像，同时设置页面的背景颜色，那

标题: 同时设置背景颜色与背景图↑

图 1 - 2 - 21

么背景颜色将会透过 GIF 图片的透明部分显示出来，背景颜色与背景图像同时生效。"

（15）点击"属性"面板上的"页面属性"按钮，弹出"页面属性"对话框。执行"分类—外观（CSS）"命令，在"外观（CSS）"对话框中，"页面字体"选择"宋体"，"大小"选择"36px"，"背景颜色"选择"#FC0"，"背景图像"选择站点根目录的子文件夹 images 的图片 bg2. gif，如图 1 - 2 - 22 所示。然后单击"确定"按钮，0102c. html 在文档编辑区域中的效果如图 1 - 2 - 23 所示。至此，完成 0102c. html 的制作，保存0102c. html，按 F12 打开 Internet Explorer 进行页面浏览，如图 1 - 2 - 24 所示。

图 1 - 2 - 22   图 1 - 2 - 23   图 1 - 2 - 24

（16）至此，本任务完成。

 拓展练习

创建一个页面，页面标题为"春节快乐"，在页面上添加文字内容"新春大吉"，文字内容设置为红色、隶书、加粗，同时添加能够展现春节气氛的图片作为页面背景。

任务3 页面与"行为"的运用

 任务说明

本任务将制作含有"行为"效果的网页,最终效果如下图所示。

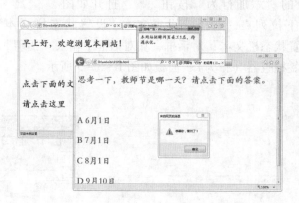

 任务目标

通过本任务的学习,读者能够掌握如何设置与页面有关的常见"行为"效果,如转到URL、设置状态栏文字、打开浏览器窗口、弹出信息等。

 实训步骤

(1)在D盘创建文件夹website,将文件夹D:\website作为本任务的本地根目录,并以此建立Dreamweaver站点webpage,复制0103a. html、0103b. html和0103c. html三个源文件到站点,如图1-3-1所示。

图1-3-1

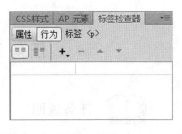

（2）双击 0103c. html，在 Dreamweaver 的文档编辑区中打开该文档，并点击文档编辑区中的 设计 按钮，使用"设计"编辑模式显示"设计"视图。

（3）执行"窗口—行为"命令，打开"标签检查器（行为）"面板，如图 1 - 3 - 2 所示。

图 1 - 3 - 2

（4）在标签栏中选中标签"＜body＞"，点击"标签检查器（行为）"面板的"添加行为"按钮，打开如图 1 - 3 - 3 所示的行为下拉列表，选择"设置文本—设置状态栏文本"命令。打开如图 1 - 3 - 4 所示的"设置状态栏文本"对话框，在对话框中输入"招聘"，然后点击"确定"按钮。完成后，"标签检查器（行为）"面板如图 1 - 3 - 5 所示。

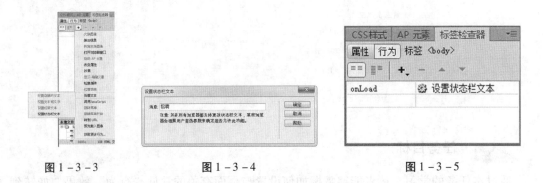

图 1 - 3 - 3 　　　　　　　图 1 - 3 - 4 　　　　　　　图 1 - 3 - 5

提示："标签检查器（行为）"面板中按钮 **+** 的功能是"添加行为"，按钮 **—** 的功能是"删除事件"，| onLoad　　　　⚙ 设置状态栏文本 | 左侧是事件列表（即在什么事件情况下触发右侧的行为），| onLoad　　　　⚙ 设置状态栏文本 | 右侧是行为列表（即具体的行为功能）。

（5）至此，完成 0103c. html 的制作，保存 0103c. html，按 F12 打开 Internet Explorer 进行页面浏览，如图 1 - 3 - 6 所示。

（6）双击 0103a. html，在 Dreamweaver 的文档编辑区中打开该文档，并点击文档编辑区中的 设计 按钮，使用"设计"编辑模式显示"设计"视图。

图 1 - 3 - 6

（7）在标签栏中选中标签"＜body＞"，点击"标签检查器（行为）"面板的"添加行为"按钮 **+**，在打开的行为下拉列表中，选择"设置文本—设置状态栏文本"命令。打开如图 1 - 3 - 7 所示的"设置状态栏文本"对话框，在对话框中

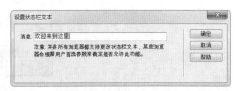

图 1 - 3 - 7

输入"欢迎来到这里",然后点击"确定"按钮。

（8）在标签栏中选中标签"＜body＞",点击"标签检查器（行为）"面板的"添加行为"按钮 ,在打开的行为下拉列表中,选择"打开浏览器窗口"命令。打开如图1-3-8所示的"打开浏览器窗口"对话框,按图完成对话框的参数设置,然后点击"确定"按钮。完成后,"标签检查器（行为）"面板如图1-3-9所示。

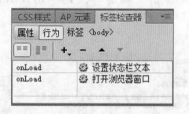

图1-3-8　　　　　　　　　　　图1-3-9

（9）选择页面中的一段文字"请点击这里",点击"标签检查器（行为）"面板的"添加行为"按钮 ,在打开的行为下拉列表中,选择"转到URL"命令。打开如图1-3-10所示的"转到URL"对话框,按图完成对话框的参数设置,然后点击"确定"按钮。完成后,"标签检查器（行为）"面板如图1-3-11所示。

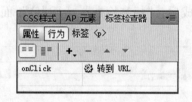

图1-3-10　　　　　　　　　　　图1-3-11

（10）至此,完成0103a.html的制作,保存0103a.html,按F12打开Internet Explorer进行页面浏览,如图1-3-12所示。点击0103a.html页面中的"请点击这里",页面跳转到0103b.html。

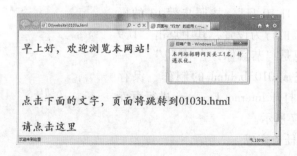

图1-3-12

（11）双击 0103b. html，在 Dreamweaver 的文档编辑区中打开该文档，并点击文档编辑区中的 设计 按钮，使用"设计"编辑模式显示"设计"视图。

（12）在标签栏中选中标签"＜body＞"，点击"标签检查器（行为）"面板的"添加行为"按钮 ✚▾，在打开的行为下拉列表中，选择"设置文本—设置状态栏文本"命令。打开如图 1 - 3 - 13 所示的"设置状态栏文本"对话框，在对话框中输入"你答对了吗?"，然后点击"确定"按钮。完成后，"标签检查器（行为）"面板如图 1 - 3 - 14 所示。

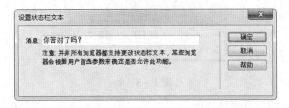

图 1 - 3 - 13

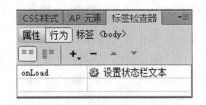

图 1 - 3 - 14

（13）选择页面中的一段文字"A 6 月 1 日"，点击"标签检查器（行为）"面板的"添加行为"按钮 ✚▾，在打开的行为下拉列表中，选择"弹出信息"命令。打开如图 1 - 3 - 15 所示的"弹出信息"对话框，按图完成对话框的参数设置，然后点击"确定"按钮。完成后，"标签检查器（行为）"面板如图 1 - 3 - 16 所示。

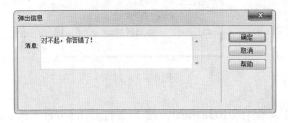

图 1 - 3 - 15

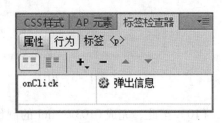

图 1 - 3 - 16

（14）分别选择其余三段文字"B 7 月 1 日""C 8 月 1 日""D 9 月 10 日"，按照步骤 13 的操作完成"弹出信息"的行为设置，其中点击"D 9 月 10 日"，弹出信息是"恭喜你，答对了!"。

（15）至此，完成 0103b. html 的制作，保存 0103b. html，按 F12 打开 Internet Explorer 进行页面浏览，如图 1 - 3 - 17 所示。

（16）至此，本任务完成。

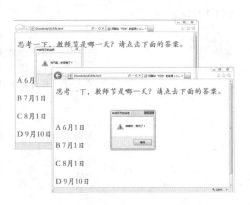

图 1 - 3 - 17

拓展练习

围绕"春节"这个主题，根据本任务所学的内容制作网页，必须使用与页面有关的常见"行为"效果，如转到 URL、设置状态栏文字、打开浏览器窗口、弹出信息等。

任务4　页面与 JavaScript 脚本

 任务说明

本任务将制作能够随机显示背景颜色、背景图像的网页，最终效果如下图所示。

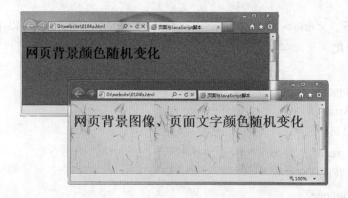

 任务目标

通过本任务的学习，读者能够掌握如何编写简单的 JavaScript 脚本、如何制作背景颜色、背景图像、页面文字颜色的随机显示效果。

 实训步骤

（1）在 D 盘创建文件夹 website，将文件夹 D：\ website 作为本任务的本地根目录，并以此建立 Dreamweaver 站点 webpage，复制 0104a. html、0104b. html 两个源文件和图片素材到站点，如图 1 - 4 - 1 所示。

（2）双击 0104a. html，在 Dreamweaver 的文档编辑区中打开该文档，并点击文档编辑区中的 代码 按钮，使用"代码"编辑模式显示"代码"视图，如图 1 - 4 - 2 所示。

图 1 - 4 - 1　　　　　　　　　　　　　图 1 - 4 - 2

（3）在代码"< title > 页面与 JavaScript 脚本 </title >"后面输入以下代码实现页面背景颜色随机变化。

```
< SCRIPT language = " javascript" >
bg  =  new Array(3);
bg[0]  =  "blue"
bg[1]  =  "green"
bg[2]  =  "#FF0000"
bg[3]  =  "orange"
index  =  Math. floor( Math. random( ) * bg. length);
document. write(" < body bgcolor = " + bg[ index] + " >");
</SCRIPT >
```

提示：

第1行：javascript 语句的开始，javascript 语句区分大小写。

第2行：定义一维数组 bg，数组有4个元素。

第3行：定义数组的第1个元素的值，背景颜色的值（用英文单词表示蓝色）。

第4行：定义数组的第2个元素的值，背景颜色的值（用英文单词表示绿色）。

第5行：定义数组的第3个元素的值，背景颜色的值（用十六进制数表示红色）。

第6行：定义数组的第4个元素的值，背景颜色的值（用英文单词表示橙色）。

第7行：获取数组的长度并产生随机值。bg. length 表示数组的长度，用于设置或返回数组中元素的数目；Math. random（）表示随机数，用于返回一个随机数 n，其中 $0 \leqslant n < 1$；Math. floor 表示向下取整计算，用于返回小于或等于函数参数，并且与之最接近的整数。

第8行：输出语句，设置页面的背景颜色。document. write 表示在页面中输出内容，bgcolor 表示背景颜色。

第9行：javascript 语句的结束。

（4）在代码"<p>北京时间：</p>"后面输入以下代码实现时间动态显示。

```
<script> setInterval（"a. innerHTML = new Date（）. toLocaleString（）;"，100）</script>
<div id = "a"></div>
```

提示：

第1行：获取时间，每隔100毫秒刷新一次。

第2行：创建DIV区域，用于显示动态时间。

（5）至此，完成0104a. html的制作，保存0104a. html，按F12打开Internet Explorer进行页面浏览，如图1-4-3所示。

（6）双击0104b. html，在Dreamweaver的文档编辑区中打开该文档，并点击文档编辑区中的 代码 按钮，使用"代码"编辑模式显示"代码"视图，如图1-4-4所示。

图1-4-3

图1-4-4

（7）在代码"<title>页面与JavaScript脚本</title>"后面输入以下代码，实现页面背景图像、页面文字颜色随机变化。

```
<SCRIPT language = "javascript">
bg = new Array(4);
wz = new Array(2);
bg[0] = "images/01. gif"
bg[1] = "images/02. gif"
bg[2] = "images/03. gif"
bg[3] = "images/04. gif"
bg[4] = "images/05. gif"
wz[0] = "red"
wz[1] = "green"
wz[2] = "blue"
```

index = Math. floor(Math. random( ) * bg. length);

index2 = Math. floor(Math. random( ) * wz. length);

document. write(" < body background = " + bg[index] + " text = " + wz[index2] + " >");

 </SCRIPT >

提示:

第 1 行: javascript 语句的开始。

第 2 行: 定义一维数组 bg, 数组 bg 有 5 个元素。

第 3 行: 定义一维数组 wz, 数组 wz 有 3 个元素。

第 4 行: 定义数组 bg 的第 1 个元素的值, 背景图像的名称 (路径)。

第 5 行: 定义数组 bg 的第 2 个元素的值, 背景图像的名称 (路径)。

第 6 行: 定义数组 bg 的第 3 个元素的值, 背景图像的名称 (路径)。

第 7 行: 定义数组 bg 的第 4 个元素的值, 背景图像的名称 (路径)。

第 8 行: 定义数组 bg 的第 5 个元素的值, 背景图像的名称 (路径)。

第 9 行: 定义数组 wz 的第 1 个元素的值, 文字的颜色 (红色)。

第 10 行: 定义数组 wz 的第 2 个元素的值, 文字的颜色 (绿色)。

第 11 行: 定义数组 wz 的第 3 个元素的值, 文字的颜色 (蓝色)。

第 12 行: 获取数组 bg 的长度并产生随机值。bg. length 表示数组 bg 的长度, 用于设置或返回数组 bg 中元素的数目; Math. random ( ) 表示随机数, 用于返回一个随机数 n, 其中 $0 \leqslant n < 1$; Math. floor 表示向下取整计算, 用于返回小于或等于函数参数, 并且与之最接近的整数。

第 13 行: 获取数组 wz 的长度并产生随机值。

第 14 行: 输出语句, 设置页面的背景颜色和文字颜色。document. write 表示在页面中输出内容, background 表示背景图像, text 表示文字颜色。

第 15 行: javascript 语句的结束。

(8) 至此, 完成 0104b. html 的制作, 保存 0104b. html, 按 F12 打开 Internet Explorer 进行页面浏览, 如图 1 – 4 – 5 所示。

图 1 – 4 – 5

(9) 至此, 本任务完成。

拓展练习

围绕"春节"这个主题，根据本任务所学的知识，制作页面背景颜色（或背景图像）、页面文字颜色随机显示效果。背景颜色（或文字颜色）可以从红、绿、蓝、黄、黑、橙等颜色中选择，背景图像自行挑选与主题相关的 3~6 张图片。

任务 5　页面与 CSS

 任务说明

本任务将利用 CSS 设置网页中的背景，最终效果如下图所示。

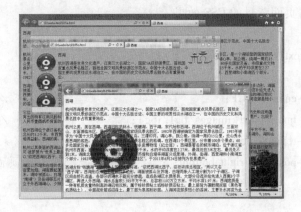

 任务目标

通过本任务的学习，读者能够掌握如何编写 CSS、如何通过 CSS 对网页背景进行设置。

 实训步骤

（1）在 D 盘创建文件夹 website，将文件夹 D：\ website 作为本任务的本地根目录，并以此建立 Dreamweaver 站点 webpage，复制 0105a. html、0105b. html 和 0105c. html 三个源文件和图片素材到站点，如图 1 - 5 - 1 所示。

（2）双击 0105a. html，在 Dreamweaver 的文档编辑区中打开该文档，并点击文档编辑区中的 代码 按钮，使用"代码"编辑模式显示"代码"视图，如图 1 - 5 - 2 所示。

图 1-5-1

图 1-5-2

（3）在代码"＜title＞西湖＜/title＞"后面输入以下代码，重新定义 HTML 元素 ＜body＞标记，设置页面背景的 CSS 效果。

```
＜style type = "text/css" ＞
body {
    background-color：#6CF；                    /*页面背景颜色*/
    background-image：url( images/bg1. jpg )；     /*页面背景图像*/
    background-repeat：no-repeat；                /*页面背景不重复*/
    background-position：right bottom；           /*页面背景位置,右下*/
}
＜/style＞
```

（4）至此，完成 0105a. html 的制作，保存 0105a. html，按 F12 打开 Internet Explorer 进行页面浏览，如图 1-5-3 所示。

（5）双击 0105b. html，在 Dreamweaver 的文档编辑区中打开该文档，并点击文档编辑区中的 代码 按钮，使用"代码"编辑模式显示"代码"视图，如图 1-5-4 所示。

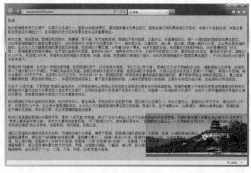
图 1-5-3

图 1-5-4

（6）在代码"＜ title ＞西湖＜/title ＞"后面输入以下代码，重新定义 HTML 元素＜body ＞标记，设置页面背景的 CSS 效果。

```
＜style type ="text/css"＞
body {
    background-image：url(images/bg2.jpg)；          /*页面背景图像*/
    background-repeat：no-repeat；                   /*页面背景不重复*/
    background-position：20%20%；                    /*页面背景位置,百分比*/
}
＜/style＞
```

（7）至此，完成0105b.html 的制作，保存0105b.html，按 F12 打开 Internet Explorer进行页面浏览，如图1-5-5 所示。

（8）双击0105c.html，在 Dreamweaver 的文档编辑区中打开该文档，并点击文档编辑区中的 代码 按钮，使用"代码"编辑模式显示"代码"视图，如图1-5-6 所示。

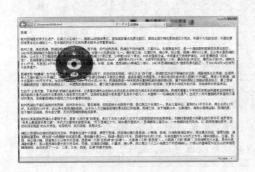

图1-5-5

图1-5-6

（9）在代码"＜ title ＞西湖＜/title ＞"后面输入以下代码，重新定义 HTML 元素＜body ＞标记和＜div ＞标记，设置页面背景的 CSS 效果。

```
＜style type ="text/css"＞
body {
    background-color：#6CF；                         /*页面背景颜色*/
    background-image：url(images/bg3.gif)；          /*页面背景图像*/
    background-repeat：no-repeat；                   /*页面背景不重复*/
    background-position：right top；                 /*页面背景位置,右上*/
    background-attachment：fixed；                   /*页面背景位置固定*/
}
div {
    background-image：url(images/bg4.gif)；          /*背景图像*/
```

background-repeat：repeat-y；	/＊背景垂直方向重复＊/
padding-left：100px；	/＊左内边距,具体数值＊/
padding-right：100px；	/＊右内边距,具体数值＊/
background-position：10px 0px；	/＊背景位置,具体数值＊/

```
    }
</style>
```

（10）至此，完成0105c. html 的制作，保存0105c. html，按 F12 打开 Internet Explorer 进行页面浏览，如图 1 – 5 – 7 所示。

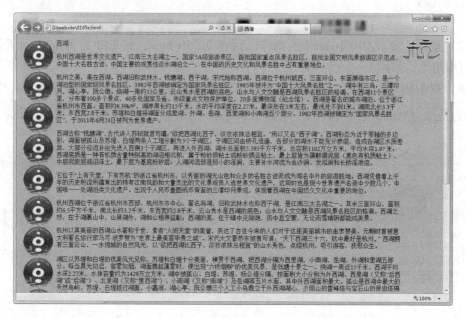

图 1 – 5 – 7

（11）至此，本任务完成。

 拓展练习

围绕"春节"这个主题，根据本任务所学的内容，制作两个页面。第一个页面要求在左侧（不重复）、右侧（重复）显示不同的背景图像；第二个页面要求在左下角（距离浏览器窗口左边界 100px，下边界 200px）显示一张背景图像。

项目二　文字、超链接与列表

项目说明

　　文本是网页内容最基本的表现形式，根据文本的作用可以简单分为三种类型：文字、超链接、列表。文字是最简单的文本形式。超链接文本能够实现页面的跳转，连接不同的页面。列表是具有一定排列次序的文本组织形式。本项目将向读者详细介绍文字、超链接与列表的有关操作，进一步认识网页制作。

专业能力

1. 懂得添加文字、创建超链接、创建列表的方法
2. 会设置文字、超链接、列表的属性
3. 能制作文字、超链接、列表的常见效果
4. 懂得与文字、超链接、列表有关的 HTML 标记和 CSS 应用

方法能力

1. 能熟练地通过 Dreamweaver 的可视化操作在页面上应用文字、超链接、列表
2. 能正确利用 HTML 和 CSS 美化文字、超链接、列表效果
3. 能对文字、超链接、列表应用过程中的错误现象提出解决办法

任务 1　文字的运用

任务说明

本任务将设置页面上的文字样式，最终效果如下图所示。

任务目标

通过本任务的学习，读者能够掌握如何设置字体类型、颜色、大小、加粗、斜体和段落行距、对齐方式，以及首字下沉、滚动文字等效果。

实训步骤

（1）在 D 盘创建文件夹 website，将文件夹 D：\ website 作为本任务的本地根目录，并以此建立 Dreamweaver 站点 webpage，复制 0201. html 源文件到站点，如图 2 - 1 - 1 所示。

（2）双击 0201. html，在 Dreamweaver 的文档编辑区中打开该文档，并点击文档编辑区中的 设计 按钮，使用"设计"编辑模式显示"设计"视图，如图 2 - 1 - 2 所示。

图 2 - 1 - 1　　　　　　　　　　　　　　　　图 2 - 1 - 2

（3）在第一段文字"杭州西湖……风景名胜区"的前后分别插入小写英文字母"g"和"h"，如图 2 - 1 - 3 所示。

（4）执行"窗口—CSS 样式"命令，打开"CSS 样式"面板。点击面板上的"新建 CSS 规则"按钮，打开"新建 CSS 规则"对话框，如图 2 - 1 - 4 所示。

图 2 - 1 - 3　　　　　　　　　　　　　　　　图 2 - 1 - 4

提示：按钮 表示附加样式表，按钮 表示编辑样式，按钮 表示删除 CSS 规则。

（5）新建 CSS 的类 ".fuhao"。在"新建 CSS 规则"对话框中，"选择器类型"选择"类（可应用于任何 HTML 元素）"，"选择器名称"输入".fuhao"，"规则定义"选择"（仅限该文档）"，如图 2-1-5 所示，点击"确定"按钮，打开".fuhao 的 CSS 规则定义"对话框，如图 2-1-6 所示。

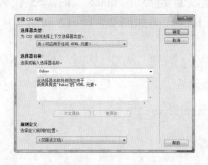

图 2-1-5

图 2-1-6

提示：类的命名规则要求第一个字符是小数点，第二个字符是英文字母，第三个字符开始可以是英文字母或者是数字，不能使用中文和其他标点符号。

（6）按图 2-1-7 所示设置类".fuhao"的样式。字体（Font-family）：Wingdings 2；大小（Font-size）：16px；粗细（Font-weight）：bold；行高（Line-height）：15px；颜色（Color）：#F00。

（7）选择字母"g"，点击鼠标右键，选择"CSS 样式— fuhao"命令，应用类".fuhao"，如图 2-1-8 所示（或者选择字母"g"，然后在"属性"面板的"类"选项中选择".fuhao"，如图2-1-9所示）。

图 2-1-7

图 2-1-8

图 2-1-9

（8）参考步骤 7 的方法，选择字母"h"，应用类".fuhao"，效果如图 2-1-10 所示。

图 2 - 1 - 10

（9）点击文档编辑区中的 [代码] 按钮，可以看到类 ".fuhao" 的 CSS 代码如图 2 - 1 - 11 所示，应用类 ".fuhao" 之后的字母 g、h 的代码如图 2 - 1 - 12 和图 2 - 1 - 13 所示。

```
<style type="text/css">
.fuhao {
    font-family: "Wingdings 2";
    font-size: 16px;
    font-weight: bold;
    color: #F00;
    line-height: 15px;
}
</style>
```

图 2 - 1 - 11

```
<span class="fuhao">g</span>          <span class="fuhao">h</span>
```

图 2 - 1 - 12   图 2 - 1 - 13

（10）新建 CSS 的类 ".xihu"。参考步骤 4~6，".xihu 的 CSS 规则定义" 对话框如图 2 - 1 - 14 所示。字体：华文楷体；大小：16px；粗细：bold；行高：15px；颜色：#F00。

（11）参考步骤 7，选择第一段文字 "杭州西湖……风景名胜区"，应用类 ".xihu"，效果如图 2 - 1 - 15 所示。

图 2 - 1 - 14

图 2 - 1 - 15

（12）选择第一段的全部内容，点击文档编辑区中的 [代码] 按钮，如图 2 - 1 - 16 所示。

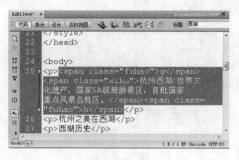

图 2 – 1 – 16

（13）点击代码行数中的按钮 ⊟，将代码段收缩成代码块，如图 2 – 1 – 17 所示（点击按钮 ⊞ 可以将代码块展开为代码行）。

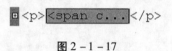

图 2 – 1 – 17

（14）在代码块 `<span c...` 的前后添加滚动标记 < marquee > 的内容，实现文字从右往左滚动的显示效果，具体代码如下所示：

```
< marquee direction = " left" >
< span c…
</ marquee >
```

提示：滚动标记 < marquee > 的常用属性如下：

①direction 表示滚动的方向，值可以是 left、right、up、down，默认为 left 。

②behavior 表示滚动的方式，值可以是 scroll（连续）、slide（一次）、alternate（来回）。

③loop 表示循环的次数，值是正整数，默认为无限循环。

④scrollamount 表示滚动速度，值是正整数，默认为 6 像素。

⑤scrolldelay 表示停顿时间，值是正整数，默认为 0，单位是毫秒。

⑥valign 表示元素的垂直对齐方式，值可以是 top、middle、bottom，默认为 middle 。

⑦align 表示元素的水平对齐方式，值可以是 left、middle、right，默认为 left 。

⑧bgcolor 表示滚动区域的背景颜色，值是 16 进制的 RGB 颜色，默认为白色。

⑨height、width 表示滚动区域的高度和宽度，值是正整数（单位是像素）或百分数，默认 width = 100% ，height 为标签内元素的高度。

⑩hspace、vspace 表示元素到区域边界的水平和垂直距离，值是正整数，单位是像素。

（15）至此，完成第一段文字内容的设置，如图 2 – 1 – 18 所示。

图 2 - 1 - 18

（16）新建 CSS 的类 ".biaoti"。参考步骤 4~6，弹出 ".biaoti 的 CSS 规则定义" 对话框如图 2-1-19 和图 2-1-20 所示。字体：华文彩云；大小：48px；粗细：bold；行高：15px；颜色：#090；字符间距（Letter-spacing）：20px；文本对齐方式（Text-align）：center。

图 2 - 1 - 19   图 2 - 1 - 20

（17）参考步骤 7，选择第二段文字 "杭州之美在西湖"，应用类 ".biaoti"，效果如图 2-1-21 所示。

（18）新建 CSS 的类 ".biaoti2"。参考步骤 4~6，弹出 ".biaoti2 的 CSS 规则定义" 对话框如图 2-1-22 所示。字体：华文楷体；大小：24px；粗细：bold；样式（Font-style）：italic；行高：15px；颜色：#906。

图 2 - 1 - 21   图 2 - 1 - 22

（19）参考步骤 7，选择第三段文字 "西湖历史"，应用类 ".biaoti2"，效果如图 2-1-23所示。

（20）参考步骤 7，选择第五段文字 "西湖十景"，应用类 ".biaoti2"，效果如图

2-1-24所示。

（21）新建 CSS 的类".zhengwen"。参考步骤4~6，".zhengwen 的 CSS 规则定义"对话框如图2-1-25所示。字体：隶书；大小：20px。

图 2-1-23

图 2-1-24

图 2-1-25

（22）参考步骤 7，选择第四段文字"西湖古称……世界遗产。"应用类".zhengwen"，效果如图2-1-26所示。

（23）参考步骤 7，选择第六段文字"西湖十景……北街梦寻。"应用类".zhengwen"，效果如图2-1-27所示。

图 2-1-26

图 2-1-27

（24）新建 CSS 的类".shouzi"。参考步骤4~6，".shouzi 的 CSS 规则定义"对话框如图2-1-28 和图2-1-29所示。字体：华文隶书；大小：60px；颜色：#036；右内边距（Padding-Right）：5px。

图 2-1-28

图 2-1-29

（25）参考步骤 7，选择第四段的第一个文字"西"，应用类".shouzi"，效果如图2-1-30所示。

（26）参考步骤 7，选择第六段的第一个文字"西"，应用类".shouzi"，效果如图

2-1-31所示。

图 2-1-30　　　　　　　　　　　　图 2-1-31

（27）选择第四段的文字内容"［注］"，点击文档编辑区中的 代码 按钮，使用"代码"编辑模式显示"代码"视图，在"［注］"的前后添加下标标记"sub"，代码如下所示：

< sub > ［注］ </ sub >

（28）文字内容"［注］"的下标效果如图2-1-32所示。

（29）在第六段文字"西湖十景……北街梦寻。"的下面插入一条水平线。选择"插入"面板，执行"常用—水平线"命令，效果如图2-1-33所示。

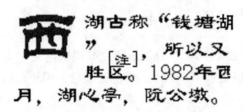 

图 2-1-32　　　　　　　　　　　　图 2-1-33

（30）选中水平线，在"属性"面板中设置水平线的宽为90%，高为2px，对齐方式为左对齐，去掉阴影效果，如图2-1-34所示。

图 2-1-34

（31）继续设置水平线的颜色，选中水平线，点击鼠标右键，在弹出的快捷菜单中执行"编辑标签"命令，如图2-1-35所示。

（32）在弹出的"标签编辑器－hr"对话框中，左侧选择"浏览器特定的"，右侧的颜色设置为"#669933"，如图2－1－36所示。

图2－1－35　　　　　　　　　　　　图2－1－36

（33）保存页面，按F12打开Internet Explorer进行页面浏览，水平线的效果如图2－1－37所示。

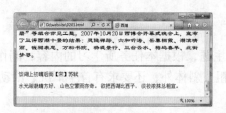

图2－1－37

提示：水平线的颜色效果在编辑环境下不能显示。

（34）在第七段的文字内容"后雨"的后面按Enter回车键，进行换段操作；在第八段的文字内容"亦奇。"的后面按Shift＋Enter键，进行换行操作，效果如图2－1－38所示。

（35）新建CSS的类".shici"。参考步骤4～6，".shici的CSS规则定义"对话框如图2－1－39所示。字体：楷体；大小：14px；行高：15px。

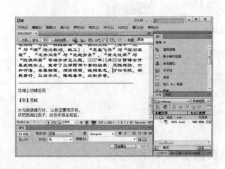

图2－1－38　　　　　　　　　　　　图2－1－39

（36）参考步骤7，选择诗词内容"饮湖上……总相宜。"应用类".shici"，效果如图2-1-40所示。

图2-1-40

（37）至此，本任务完成。

拓展练习

围绕"元宵节"这个主题，根据本任务所学习的内容，制作一个页面，除需要设置个别字体的颜色、大小、加粗、斜体外，还要求有首字下沉、滚动文字等效果。

任务2　文字与CSS

任务说明

本任务将设置两个CSS样式，对页面上的文字样式进行变换，最终效果如下图所示。

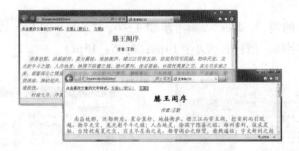

任务目标

通过本任务的学习，读者能够掌握如何变换页面上的文字样式。

实训步骤

（1）在 D 盘创建文件夹 website，将文件夹 D：\ website 作为本任务的本地根目录，并以此建立 Dreamweaver 站点 webpage，复制 0202. html 源文件到站点，如图 2 – 2 – 1 所示。

（2）双击 0202. html，在 Dreamweaver 的文档编辑区中打开该文档，并点击文档编辑区中的 设计 按钮，使用"设计"编辑模式显示"设计"视图，如图 2 – 2 – 2 所示。

图 2 – 2 – 1

图 2 – 2 – 2

（3）新建样式表文件 aa. css，包含三个 CSS 类，类".bt"应用于标题内容，类".zz"应用于作者内容，类".zw"应用于正文内容。

（4）新建 CSS 的类".bt"。执行"窗口—CSS 样式"命令，打开"CSS 样式"面板。点击面板上的"新建 CSS 规则"按钮 ，打开"新建 CSS 规则"对话框，按照图2 – 2 – 3 进行设置（规则定义：新建样式表文件），然后点击"确定"按钮。

（5）在本地站点根目录 D：\ website 中新建子文件夹 CSS，用于保存样式表文件 aa. css，如图 2 – 2 – 4 所示。

图 2 – 2 – 3

图 2 – 2 – 4

（6）保存样式表文件 aa. css 后，弹出". bt 的 CSS 规则定义（在 aa. css 中）"对话框，按照图 2 – 2 – 5 进行设置。字体：黑体；大小：28px；粗细：bold；颜色：#F00。

（7）新建 CSS 的类". zz"。点击"CSS 样式"面板上的"新建 CSS 规则"按钮 ，打开"新建 CSS 规则"对话框，按照图 2 – 2 – 6 进行设置（规则定义：aa. css），然后点击"确定"按钮。

图 2 – 2 – 5　　　　　　　　　　　　　　　图 2 – 2 – 6

（8）在弹出的“.zz 的 CSS 规则定义（在 aa.css 中）”对话框中，按照图 2 – 2 – 7 进行设置。字体：华文楷体；大小：16px；颜色：#00F。

（9）新建 CSS 的类“.zw”。参考步骤 7~8，“.zw 的 CSS 规则定义（在 aa.css 中）”对话框如图 2 – 2 – 8 所示。字体：华文新魏；大小：20px；样式：italic；行高：30px；颜色：#090。

图 2 – 2 – 7　　　　　　　　　　　　　　　图 2 – 2 – 8

（10）新建样式表文件 bb.css（同样保存在文件夹 CSS 中），包含三个 CSS 类，分别是类“.bt”应用于标题内容，类“.zz”应用于作者内容，类“.zw”应用于正文内容。

（11）参考步骤 4~9 进行操作，类“.bt”的设置如图 2 – 2 – 9 所示。字体：华文新魏；大小：36px；粗细：bold；颜色：#00F。

（12）参考步骤 4~9 进行操作，类“.zz”的设置如图 2 – 2 – 10 所示。字体：幼圆；大小：18px；样式：italic；颜色：#F00。

图 2 – 2 – 9　　　　　　　　　　　　　　　图 2 – 2 – 10

（13）参考步骤 4～9 进行操作，类".zw"的设置如图 2-2-11 所示。字体：华文楷体；大小：24px；行高：25px；颜色：#C3F。

（14）选择标题内容"滕王阁序"，应用类".bt"。

（15）选择作者内容"作者：王勃"，应用类".zz"。

（16）选择正文内容"南昌故郡……各倾陆海云尔!"，应用类".zw"。

图 2-2-11

（17）点击文档编辑区中的 代码 按钮，使用"代码"编辑模式显示"代码"视图，可以看到下面两行代码：

```
< link href = "CSS/aa. css" rel = "stylesheet" type = "text/css" />
< link href = "CSS/bb. css" rel = "stylesheet" type = "text/css" />
```

（18）删除步骤 17 所示的第二行代码，保留第一行并添加 id 属性，如下所示：

```
< link href = "CSS/aa. css" rel = "stylesheet" type = "text/css" id = "at"/ >
```

（19）制作文字内容"方案 A（默认）"的超链接效果和行为事件，代码如下所示：

```
< a href = "javascript:void(0);" onclick = "document. all. at. href = 'CSS/aa. css'" >
方案 A(默认)
</a >
```

提示：
①javascript：void（0）；表示假链接效果。
②onclick 表示鼠标单击。

（20）制作文字内容"方案 B"的超链接效果和行为事件，代码如下所示：

```
< a href = "javascript:void(0);" onclick = "document. all. at. href = 'CSS/bb. css'" >
方案 B
</a >
```

（21）至此，本任务完成。

 拓展练习

根据本任务所学的内容制作网页，页面的文字内容为《阿房宫赋》，为页面文字设置两种不同的字体风格（如字体类型、大小、颜色等）。

任务 3　超链接的运用

 任务说明

本任务将设置常见的文字超链接效果，最终效果如下图所示。

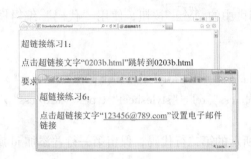

 任务目标

通过本任务的学习，读者能够掌握如何设置常见的文字超链接效果，如超链接颜色、下划线、提示文字、锚记链接、空链接、假链接、添加收藏、设为首页、关闭页面提示、删除提示、打印页面等。

 实训步骤

（1）在 D 盘创建文件夹 website，将文件夹 D：\ website 作为本任务的本地根目录，并以此建立 Dreamweaver 站点 webpage，复制 0203a. html 和 0203b. html 两个源文件和图片素材到站点，如图 2 - 3 -1 所示。

（2）双击 0203a. html，在 Dreamweaver 的文档编辑区中打开该文档，并点击文档编辑区中的 设计 按钮，使用"设计"编辑模式显示"设计"视图，如图 2 - 3 -2 所示。

图 2 - 3 - 1

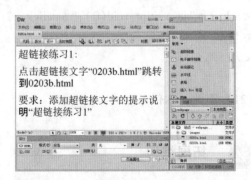

图 2 - 3 - 2

（3）超链接练习1。选中文字内容"0203b. html"，打开"属性"面板，与超链接有关的属性项包括链接、标题、目标，如图2-3-3所示。

图2-3-3

（4）点击"属性"面板"链接"项中的指向文件按钮，直接拖动到"文件"面板相应的页面文件，如图2-3-4所示。或者点击"属性"面板"链接"项中的浏览文件按钮，打开"选择文件"对话框，选择0203b. html文件，然后按"确定"按钮，如图2-3-5所示。或者直接在"属性"面板"链接"项右侧的输入框中输入文件名称0203b. html，如图2-3-6所示。

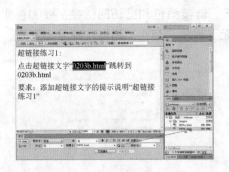

图2-3-4

图2-3-5

（5）在"属性"面板的"标题"项中输入文字内容"超链接练习1"，完成超链接文字的提示说明，如图2-3-7所示。浏览页面的时候，当鼠标移动到超链接文字上时，会出现"标题"项所输入的文字内容，如图2-3-8所示。

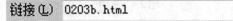

图2-3-6

图2-3-7

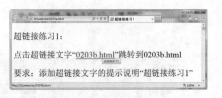

图2-3-8

（6）"属性"面板的"目标"项，表示超链接打开页面窗口的方式，这里不进行选择，按照默认效果设置，如图2-3-9所示。至此，超链接练习1完成。

图 2 – 3 – 9

提示：

① _ blank 表示打开另外一个浏览器窗口，在新窗口显示该链接页面。

② new 同 _ blank 的效果一样。

③ _ parent 表示在父窗口中打开链接页面，主要用于框架结构的页面。

④ _ self 表示在本窗口中打开链接页面，默认设置。

⑤ _ top 表示在整个浏览器窗口打开链接页面，主要用于框架结构的页面。

（7）超链接练习 2。点击"属性"面板上的页面属性按钮 **页面属性...**，打开"页面属性"对话框，如图 2 – 3 – 10 所示。

（8）在"页面属性"对话框中，左侧"分类"选择"链接（CSS）"，在右侧的"链接（CSS）"选项中，按照图 2 – 3 – 11 进行设置。链接颜色和已访问链接：#F00；变换图像链接和活动链接：#0F0；下划线样式：始终无下划线。至此，超链接练习 2 完成。

图 2 – 3 – 10

图 2 – 3 – 11

（9）超链接练习 3。在本页文字内容"123456789"的左侧点击鼠标，然后在"插入"面板中，执行"常用—命名锚记"命令，打开"命名锚记"对话框，输入锚记名称"a1"，如图 2 – 3 – 12 和图 2 – 3 – 13 所示。

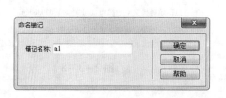

图 2 – 3 – 12

图 2 – 3 – 13

（10）选中超链接练习3中的文字"本页锚记"，然后在"属性"面板的"链接"项中输入"#a1"，如图2-3-14所示。点击超链接文件"本页锚记"，页面将跳转到文字内容"123456789"的显示位置。至此，超链接练习3完成。

图2-3-14

（11）超链接练习4。双击0203b.html，在Dreamweaver的文档编辑区中打开该文档，并点击文档编辑区中的 设计 按钮，使用"设计"编辑模式显示"设计"视图，在本页文字内容"网页制作——超链接"的左侧点击鼠标，然后在"插入"面板中，执行"常用—命名锚记"命令，打开"命名锚记"对话框，输入锚记名称"b1"，如图2-3-15所示。

图2-3-15

（12）选中超链接练习4中的文字"外部锚记"，然后在"属性"面板的"链接"项中输入"0203b.html#b1"，如图2-3-16所示。点击超链接文件"外部锚记"，页面将跳转到0203b.html中文字内容"网页制作——超链接"的显示位置。至此，超链接练习4完成。

（13）超链接练习5。选中文字内容"网页制作.rar"，通过"属性"面板设置链接路径（文件保存在站点根目录的子文件images中），如图2-3-17所示。

图2-3-16

图2-3-17

（14）浏览0203a.html，点击超链接文字"网页制作.rar"，将会弹出文件保存的提示对话框，如图2-3-18所示。

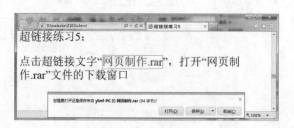

图2-3-18

（15）选中文字内容"西湖美景（图）"，通过"属性"面板设置链接路径（文件保存在站点根目录的子文件 images 中），如图 2－3－19 所示。

（16）浏览 0203a. html，点击超链接文字"西湖美景（图）"，将会在浏览器中直接显示图片，如图 2－3－20 所示。

图 2－3－19　　　　　　　　　　　　　　图 2－3－20

（17）至此，0203a. html 完成。

（18）双击 0203b. html，在 Dreamweaver 的文档编辑区中打开该文档，并点击文档编辑区中的 设计 按钮，使用"设计"编辑模式显示"设计"视图，如图 2－3－21 所示。

（19）超链接练习 6。选中文字内容"123456@ 789. com"，然后在"插入"面板中执行"常用—电子邮件链接"命令，弹出"电子邮件链接"对话框，然后按"确定"按钮，如图 2－3－22 所示。

图 2－3－21　　　　　　　　　　　　　　图 2－3－22

（20）浏览 0203b. html，点击超链接文字"123456@ 789. com"，弹出 Microsoft Outlook 发送邮件的对话框，如图 2－3－23 所示。至此，超链接练习 6 完成。

图 2－3－23

（21）超链接练习 7。选中文字内容"百度"，然后通过"属性"面板设置超链接效果，"链接"项输入"http：//www. baidu. com"，"目标"项选择"_ blank"，如图 2 – 3 – 24 所示。

（22）浏览 0203b. html，点击超链接文字"百度"，弹出新窗口显示百度网站的首页，如图 2 – 3 – 25 所示。至此，超链接练习 7 完成。

图 2 – 3 – 24

图 2 – 3 – 25

（23）超链接练习 8。选中文字内容"空链接"，在"属性"面板的"链接"项输入"#"，如图 2 – 3 – 26 所示。

（24）选中文字内容"假链接"，在"属性"面板的"链接"项输入"javascript：void（0）;"，如图 2 – 3 – 27 所示。

图 2 – 3 – 26

图 2 – 3 – 27

（25）浏览 0203b. html，点击超链接文字"空链接"，页面将跳转到本页的顶端位置显示；点击超链接文字"假链接"，页面将不进行跳转，只是鼠标指针由箭头变成手的形状。至此，超链接练习 8 完成。

（26）超链接练习 9。选中文字内容"打印本页"，在"属性"面板的"链接"项输入"javascript：void（0）;"，如图 2 – 3 – 28 所示。

图 2 – 3 – 28

（27）点击文档编辑区中的 代码 按钮，使用"代码"编辑模式显示"代码"视图，在超链接标记 < a > 的代码中，添加"打印本页"的事件行为代码，如下所示：

```
< a href = "javascript:void(0);" onclick = "window. print( )" >
```

打印本页
</a>

（28）浏览 0203b. html，点击超链接文字"打印本页"，弹出"打印"对话框，如图
2 - 3 - 29 所示。

图 2 - 3 - 29

（29）选中文字内容"设为首页"，在"属性"面板的"链接"项输入"javascript：
void（0）；"，如图 2 - 3 - 30 所示。

图 2 - 3 - 30

（30）点击文档编辑区中的 代码 按钮，使用"代码"编辑模式显示"代码"视图，
在超链接标记 < a > 的代码中，添加"设为首页"的事件行为代码，如下所示：

< a href = "javascript：void(0)；"
onclick = "this. style. behavior = ′url(#default#homepage)′；
this. setHomePage(′http://www. baidu. com′)；" >
设为首页
</a>

（31）浏览 0203b. html，点击超链接文字"设为首页"，弹出"添加或更改主页"对
话框，如图 2 - 3 - 31 所示。

（32）选中文字内容"添加收藏"，在"属性"面板的"链接"项输入"javascript：
void（0）；"，如图 2 - 3 - 32 所示。

图 2 - 3 - 31   图 2 - 3 - 32

（33）点击文档编辑区中的 代码 按钮，使用"代码"编辑模式显示"代码"视图，在超链接标记＜a＞的代码中，添加"添加收藏"的事件行为代码，如下所示：

```
＜a href = "javascript:void(0);"
onclick = "window. external. addFavorite
('http://www. baidu. com','百度');" ＞
添加收藏
＜/a ＞
```

（34）浏览 0203b. html，点击超链接文字"添加收藏"，弹出"添加收藏"对话框，如图 2 - 3 - 33 所示。至此，超链接练习 9 完成。

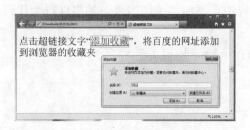

图 2 - 3 - 33

（35）超链接练习 10。选中文字内容"页面转向提示"，在"属性"面板的"链接"项输入"javascript：void（0）；"，如图 2 - 3 - 34 所示。

图 2 - 3 - 34

（36）点击文档编辑区中的 代码 按钮，使用"代码"编辑模式显示"代码"视图，在超链接标记＜a＞的代码中，添加"页面转向提示"的事件行为代码，如下所示：

```
＜a href = "javascript:void(0);"
onclick = "return confirm('是否跳转到 0203a. html?')" ＞
```

页面转向提示

</a>

(37) 浏览 0203b. html，点击超链接文字"页面转向提示"，弹出信息提示框，如图2-3-35所示。至此，超链接练习10完成。

(38) 超链接练习11。选中文字内容"回到本页的顶端"，在"属性"面板的"链接"项输入"#"，如图2-3-36所示。至此，超链接练习11完成。

图2-3-35

(39) 超链接练习12。选中文字内容"关闭本页"，在"属性"面板的"链接"项输入"javascript：void（0）；"，如图2-3-37所示。

图2-3-36

图2-3-37

(40) 点击文档编辑区中的 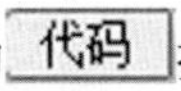 代码 按钮，使用"代码"编辑模式显示"代码"视图，在超链接标记 < a > 的代码中，添加"关闭本页"的事件行为代码，如下所示：

```
< a href = "javascript:window. close( );" >
关闭本页
</a >
```

(41) 浏览 0203b. html，点击超链接文字"关闭本页"，弹出关闭窗口提示框，如图2-3-38所示。

图2-3-38

(42) 至此，0203b. html 完成。

(43) 至此，本任务完成。

拓展练习

围绕"元宵节"这个主题，根据本任务所学的内容制作网页，要求在页面中适当使用常见的超链接效果，如超链接颜色、下划线、提示文字、锚记链接、空链接、假链接、添加收藏、设为首页、关闭页面提示、删除提示、打印页面等。

任务4 超链接与CSS

 任务说明

本任务将制作按钮式的超链接文字效果，最终效果如下图所示。

 任务目标

通过本任务的学习，读者能够掌握如何重新定义超链接标记 < a > ，改变超链接的默认样式。

 实训步骤

（1）在 D 盘创建文件夹 website，将文件夹 D：\ website 作为本任务的本地根目录，并以此建立 Dreamweaver 站点 webpage，在站点中新建文件 0204. html，如图 2 - 4 - 1 所示。

（2）双击 0204. html，在 Dreamweaver 的文档编辑区中打开该文档，并点击文档编辑区中的 设计 按钮，使用"设计"编辑模式显示"设计"视图。在文档编辑区域依次输入文字内容"首页""体育""娱乐""财经""科技""教育""讨论"，各内容之间通过空格键或空格标记" "进行间隔。页面标题设置为"超链接与CSS"。如图2 - 4 - 2所示。

图 2 - 4 - 1   图 2 - 4 - 2

（3）选中文字内容"首页"，在"属性"面板的"链接"项输入"#"，如图 2 - 4 - 3 所示。

图 2 - 4 - 3

（4）参考步骤 3，依次完成文字内容"体育""娱乐""财经""科技""教育""讨论"的超链接效果，如图 2 - 4 - 4 所示。

（5）点击文档编辑区中的 代码 按钮，使用"代码"编辑模式显示"代码"视图，如图 2 - 4 - 5 所示。

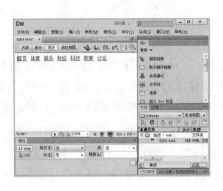

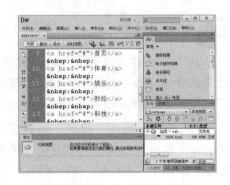

图 2 - 4 - 4   图 2 - 4 - 5

（6）在代码" < title > 超链接与 CSS </title >"后面添加 CSS 代码，重新定义 HTML 元素超链接 < a > 的样式，如下所示：

```
< style type = "text/css" >
a{                              / * 重新定义 HTML 元素超链接 < a > 的样式 * /
    font-family:"华文楷体";                                  / * 字体 * /
    font-size:20px;                                     / * 字体大小 * /
```

```
        text-align:center;                          /*文本的对齐方式*/
        margin:5px;                                      /*外边距*/
        font-weight:bold;                               /*文字加粗*/
    }
</style>
```

（7）继续添加 CSS 代码，设置 HTML 元素超链接 < a > 的初始状态和已访问过状态的样式，如下所示：

```
a:link, a:visited{
                /* 设置 HTML 元素超链接 < a > 的初始状态和已访问过状态的样式 */
        color:#FF0;                                     /*文本颜色*/
        padding:5px 8px 5px 8px;          /*内边距,设置的顺序依次是上、右、下、左*/
        background-color:#0CF;                          /*背景颜色*/
        text-decoration: none;                 /*不显示超链接文字的下划线*/
        border-top: 1px solid #0C0;
                        /*上边框的宽度、样式、颜色,实现边框阴影效果 */
        border-left: 1px solid #0C0;
                        /*左边框的宽度、样式、颜色,实现边框阴影效果 */
        border-bottom: 1px solid #00F;
                        /*下边框的宽度、样式、颜色,实现边框阴影效果 */
        border-right: 1px solid #00F;
                        /*右边框的宽度、样式、颜色,实现边框阴影效果 */
    }
```

（8）继续添加 CSS 代码，设置 HTML 元素超链接 < a > 在鼠标经过时的样式，如下所示：

```
a:hover{                 /* 设置 HTML 元素超链接 < a > 在鼠标经过时的样式 */
        color:#603;                         /*文字颜色,文字颜色发生改变*/
        padding:5px 10px 5px 10px;              /*内边距,文字位置发生改变*/
        background-color:#69F;              /*背景颜色,背景颜色发生改变*/
        border-top: 1px solid #00F;
                        /*上边框的宽度、样式、颜色,实现边框阴影效果 */
        border-left: 1px solid #00F;
                        /*左边框的宽度、样式、颜色,实现边框阴影效果 */
        border-bottom: 1px solid #0C0;
                        /*下边框的宽度、样式、颜色,实现边框阴影效果 */
        border-right: 1px solid #0C0;
```

/＊右边框的宽度、样式、颜色,实现边框阴影效果 ＊/
}

（9）继续添加 CSS 代码,设置超链接文字"帮助"的鼠标指针效果,如下所示:

```
a. help:hover {                    /＊设置超链接文字"帮助"的鼠标指针效果 ＊/
    cursor:help;                   /＊鼠标指针的显示效果为箭头加问号 ＊/
}
```

（10）选中文字内容"帮助",在"属性"面板的"类"项中选择"help",如图 2 – 4 – 6 所示。

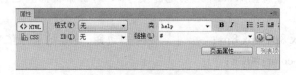

图 2 – 4 – 6

（11）文字内容"帮助"应用类". help"后,代码如下所示:

```
< a href = "#"  class = "help" > 讨论 </a >
```

（12）至此,本任务完成。

 拓展练习

根据本任务所学的内容制作网站栏目菜单,栏目分别为"首页""新闻""音乐""图片""视频""地图"。

任务 5   列表的运用

 任务说明

本任务将制作项目列表、编号列表和定义列表,最终效果如下图所示。

任务目标

通过本任务的学习，读者能够掌握如何制作项目列表、编号列表和定义列表。

实训步骤

（1）在 D 盘创建文件夹 website，将文件夹 D：\ web-site 作为本任务的本地根目录，并以此建立 Dreamweaver 站点 webpage，复制 0205. html 源文件和图片素材到站点，如图2－5－1所示。

（2）双击 0205. html，在 Dreamweaver 的文档编辑区中打开该文档，并点击文档编辑区中的 设计 按钮，使用"设计"编辑模式显示"设计"视图，如图 2－5－2 所示。

（3）选中文字内容"姓名：张三……电子邮箱：123456@789. com"，点击"格式"菜单，执行"列表—项目列表"命令，如图2－5－3所示。

图2－5－1

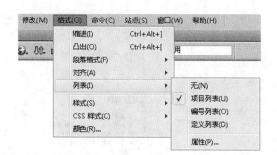

图 2 - 5 - 2   图 2 - 5 - 3

（4）将文字内容"姓名：张三……电子邮箱：123456@789.com"设置为项目列表，如图 2 - 5 - 4 所示。

图 2 - 5 - 4

（5）新建类".jiben"，如图 2 - 5 - 5 和图 2 - 5 - 6 所示进行设置。字体：华文楷体；大小：18px；粗细：bold；项目符号图像（List-style-image）：images/list.gif。

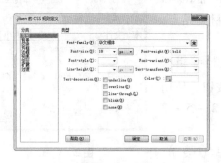

图 2 - 5 - 5   图 2 - 5 - 6

（6）选中项目列表的内容"姓名：张三……电子邮箱：123456@789.com"，应用类".jiben"，效果如图 2 - 5 - 7 所示。

（7）选中文字内容"精通：Dreamweaver、……了解：Maya、3DS Max"，点击"格式"菜单，执行"列表—编号列表"命令，效果如图 2 - 5 - 8 所示。

图 2 - 5 - 7

图 2 - 5 - 8

（8）新建类".zhuanye"，如图 2 - 5 - 9 和图 2 - 5 - 10 所示进行设置。字体：华文楷体；大小：18px；粗细：bold；列表类型（List-style-type）：upper-roman。

图 2 - 5 - 9

图 2 - 5 - 10

（9）选中编号列表的内容"精通：Dreamweaver、……了解：Maya、3DS Max"，应用类".zhuanye"，效果如图 2 - 5 - 11 所示。

（10）选中文字内容"一年级……中英文录入一等奖"，点击"格式"菜单，执行"列表—定义列表"命令，效果如图 2 - 5 - 12 所示。

图 2 - 5 - 11

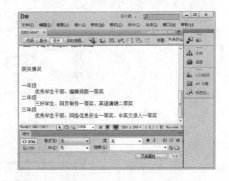
图 2 - 5 - 12

（11）新建类".huojiang"，如图 2 - 5 - 13 所示进行设置。字体：华文楷体；大小：18px；粗细：bold。

（12）选中定义列表的内容"一年级……中英文录入一等奖"，应用类". huojiang"，效果如图 2 – 5 – 14 所示。

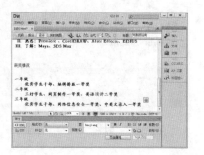

图 2 – 5 – 13　　　　　　　　　　　　　　　　图 2 – 5 – 14

（13）新建类". jianli"，如图 2 – 5 – 15 所示进行设置。字体：华文新魏；大小：48px；粗细：bold；颜色：#00F。

（14）选中文字内容"个人简历"，应用类". jianli"，效果如图 2 – 5 – 16 所示。

图 2 – 5 – 15　　　　　　　　　　　　　　　　图 2 – 5 – 16

（15）新建类". leibie"，如图 2 – 5 – 17 所示进行设置。字体：黑体；大小：24px；粗细：bold；颜色：#909。

图 2 – 5 – 17

（16）分别选中文字内容"基本资料""专业技能""获奖情况"，应用类". leibie"，效果如图 2 – 5 – 18 和图 2 – 5 – 19 所示。

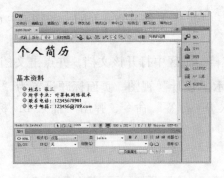

图 2-5-18

图 2-5-19

（17）至此，本任务完成。

拓展练习

结合自己的情况，根据本任务所学的内容制作一个网页，内容为个人简历，其中包括基本资料（编号列表）、专业技能（定义列表）和获奖情况（项目列表）。

任务 6 列表与 CSS

任务说明

本任务将通过列表制作垂直和水平两种排列形式的菜单，最终效果如下图所示。

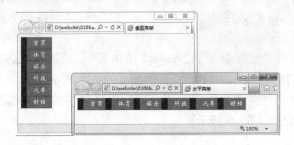

任务目标

通过本任务的学习，读者能够掌握如何通过列表制作垂直和水平两种排列形式的菜单。

实训步骤

（1）在 D 盘创建文件夹 website，将文件夹 D：\ website 作为本任务的本地根目录，并以此建立 Dreamweaver 站点 webpage，在站点中新建文件 0206a. html，如图 2 - 6 - 1 所示。

（2）双击 0206a. html，在 Dreamweaver 的文档编辑区中打开该文档，并点击文档编辑区中的 设计 按钮，使用"设计"编辑模式显示"设计"视图。页面标题设置为"垂直菜单"。在"插入"面板中，执行"常用—插入 Div 标签"命令，弹出"插入 Div 标签"对话框，如图 2 - 6 - 2 所示。

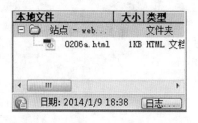

图 2 - 6 - 1

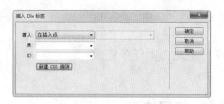

图 2 - 6 - 2

（3）在"插入 Div 标签"对话框的"ID"项中输入"caidan"，如图 2 - 6 - 3 所示。然后按"确定"按钮，则文档编辑区域如图 2 - 6 - 4 所示。

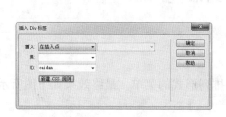

图 2 - 6 - 3

图 2 - 6 - 4

（4）删除文字内容"此处显示 id" caidan" 的内容"，依次输入各段文字内容"首页""体育""娱乐""科技""汽车""财经"，如图 2 - 6 - 5 所示。

（5）选中各段文字内容"首页 …… 财经"，选择"格式"菜单，执行"列表—项目列表"命令，效果如图 2 - 6 - 6 所示。

图 2 - 6 - 5

图 2 - 6 - 6

（6）选中文字内容"首页"，在"属性"面板的"链接"项输入"#"，如图2-6-7所示。

图2-6-7

（7）参考步骤6，依次完成文字内容"体育""娱乐""科技""汽车""财经"的超链接效果，如图2-6-8所示。

（8）点击文档编辑区中的 代码 按钮，使用"代码"编辑模式显示"代码"视图，如图2-6-9所示。

图2-6-8

图2-6-9

（9）在代码"< title >垂直菜单</title >"后面添加CSS代码，设置块caidan的样式，如下所示：

```
< style type = "text/css" >
#caidan{                              /* 设置块 caidan 的样式 */
    font-family:"华文新魏";              /* 字体 */
    font-size:18px;                    /* 大小 */
    width:80px;                        /* 宽度 */
}
</style >
```

（10）继续添加CSS代码，设置块caidan中HTML元素ul的样式，如下所示：

```
#caidan ul {                          /* 设置块 caidan 中 HTML 元素 ul 的样式 */
    list-style-type:none;             /* 不显示项目符号 */
    margin:0px;                       /* 外边距 */
    padding:0px;                      /* 内边距 */
}
```

（11）继续添加 CSS 代码，设置块 caidan 中 HTML 元素 li 的样式，如下所示：

```
#caidan li{                          /*设置块 caidan 中 HTML 元素 li 的样式 */
    border-bottom:1px solid #936;                       /* 添加下划线 */
}
```

（12）继续添加 CSS 代码，设置块 caidan 中 HTML 元素 li 的超链接样式，如下所示：

```
#caidan li a{                    /*设置块 caidan 中 HTML 元素 li 的超链接样式 */
    display:block;                           /* 此元素显示为块级元素 */
    padding:5px 5px 5px 15px;                         /*内边距 */
    text-decoration:none;                           /*不显示下划线 */
    border-left:15px solid #900;                   /* 左侧边框的样式 */
    border-right:1px solid #900;                   /* 右侧边框的样式 */
}
```

（13）继续添加 CSS 代码，设置块 caidan 中 HTML 元素 li 的超链接初始状态和已访问过状态的样式，如下所示：

```
#caidan li a:link, #caidan li a:visited{
        /*设置块 caidan 中 HTML 元素 li 的超链接初始状态和已访问过状态的样式 */
    background-color:#F36;                           /*背景颜色 */
    color:#FFFFFF;                           /*文字颜色 */
}
```

（14）继续添加 CSS 代码，设置块 caidan 中 HTML 元素 li 的超链接在鼠标经过时的样式，如下所示：

```
#caidan li a:hover{
            /*设置块 caidan 中 HTML 元素 li 的超链接在鼠标经过时的样式 */
    background-color:#FC0;                    /* 背景颜色,改变背景颜色效果 */
    color:#606;                    /* 文字颜色,改变文字颜色效果 */
}
```

（15）浏览 0206a. html，效果如图 2 - 6 - 10 所示。

（16）至此，0206a. html 完成。

（17）在站点 webpage 中复制粘贴 0206a. html，重命名为 0206b. html，并将页面标题改为"水平菜单"。双击

图 2 - 6 - 10

0206b. html，在 Dreamweaver 的文档编辑区中打开该文档，并点击文档编辑区中的
按钮，使用"代码"编辑模式显示"代码"视图，如
图2－6－11所示。

（18）修改 CSS 代码，在块 caidan 的样式中将 CSS
代码中宽度的设置改为460px，如下所示：

```
#caidan{                    /*设置块 caidan 的样式*/
    font-family:"华文新魏"；      /*字体*/
    font-size:18px；           /*大小*/
    width:460px；            /*宽度*/
}
```

图2－6－11

（19）添加 CSS 代码，在块 caidan 的 HTML 元素 li 的样式中添加 float 属性，如下
所示：

```
#caidan li {                         /*设置块 caidan 中 HTML 元素 li 的样式*/
    border-bottom:1px solid #936；            /* 添加下划线 */
    float:left；                         /*水平显示列表项*/
}
```

（20）浏览 0206b. html，效果如图 2－6－12 所示。至此，0206b. html 完成。

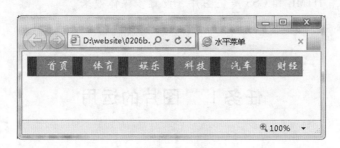

图2－6－12

（21）至此，本任务完成。

 拓展练习

根据本任务所学的内容分别制作水平、垂直两种排列形式的网站栏目菜单，栏目分别
为"首页""新闻""音乐""图片""视频""地图"。

项目三　图片与多媒体

项目说明

仅有文本的页面是枯燥的，在页面上添入适当的图片和多媒体内容，能增加页面的美观度，提升页面的可读性。本项目将向读者详细介绍图片和多媒体的有关操作，使读者能够制作图文并茂的页面。

专业能力

1. 懂得添加图片、多媒体的方法
2. 会设置图片、多媒体的属性，制作图片、多媒体的常见效果
3. 懂得与图片、多媒体有关的 HTML 标记和 CSS 应用

方法能力

1. 能熟练地通过 Dreamweaver 的可视化操作在页面上应用图片、多媒体
2. 能正确利用 HTML 和 CSS 美化图片、设置多媒体效果
3. 能对图片、多媒体应用过程中的错误现象提出解决办法

任务 1　图片的运用

任务说明

本任务将运用图片并结合图文排版制作桃花介绍欣赏网页，最终效果如下图所示。

 任务目标

通过本任务的学习，读者能够掌握图片的插入、超链接制作、边框属性设置和图文混排操作等。

 实训步骤

（1）在 D 盘创建文件夹 website，将文件夹 D：\ website 作为本任务的本地根目录，并以此建立 Dreamweaver 站点 webpage。复制源文件夹 others 和图片素材文件夹 images 到站点，others 文件夹包含 1 个文件桃花．txt。在站点根目录下新建文件 0301a．html 和 0301b．html。如图 3－1－1 所示。

（2）双击 0301a．html，在 Dreamweaver 的文档编辑区中打开该文档，并点击文档编辑区中的 ▢设计▢ 按钮，使用"设计"编辑模式显示"设计"视图，将文档的标题设置为"图片的运用（春暖花开）"，如图 3－1－2 所示。

（3）在文档编辑区中输入文字"春暖花开"，如图 3－1－3所示。

图 3－1－1

图 3－1－2

图 3－1－3

（4）新建 CSS 的类".biaoti"。设置字体：华文新魏；大小：48px；粗细：bold；颜色：#00F；文本对齐方式：center。如图 3-1-4 和图 3-1-5 所示。

图 3-1-4　　　　　　　　　　　　　　　　图 3-1-5

（5）选中文字"春暖花开"，应用类".biaoti"，如图 3-1-6 所示。

（6）按回车键，光标在文字"春暖花开"下方出现，如图 3-1-7 所示。

图 3-1-6　　　　　　　　　　　　　　　　图 3-1-7

（7）点击"插入"面板，执行"常用—图像：图像"命令，如图 3-1-8 所示。

（8）在弹出的"选择图像源文件"对话框中双击打开 images 文件夹，选中 01.jpg，如图 3-1-9 所示，点击"确定"按钮。

图 3-1-8　　　　　　　　　　　　　　　　图 3-1-9

（9）弹出"图像标签辅助功能属性"对话框，在替换文本中输入"春天是花的季节"，如图 3-1-10 所示，然后点击"确定"按钮。

（10）插入图像后，文档编辑区如图3-1-11所示。

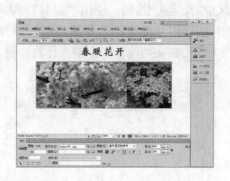

图3-1-10　　　　　　　　　　　　图3-1-11

（11）新建CSS的类".tupian"；上边框（Top）和下边框（Bottom）的样式（Style）为"solid"、宽度为"10px"、颜色为"#390"；右边框（Right）和左边框（Left）的样式为"dashed"、宽度为"5px"、颜色为"#CC3"。如图3-1-12所示。

（12）选中图像，应用类".tupian"，如图3-1-13所示。

（13）选中图像，点击"属性"面板左下角的"矩形热点工具"按钮，然后在图像中绘制矩形热点区域，位置和大小刚好覆盖图像中间的小图，如图3-1-14所示。

图3-1-12

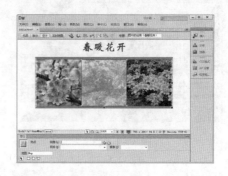

图3-1-13　　　　　　　　　　　　图3-1-14

（14）点击已经绘制的矩形热点，在"属性"面板中设置链接的文件为0301b.html，如图3-1-15所示。

（15）至此，0301a.html完成。

图3-1-15

（16）双击 0301b. html，在 Dreamweaver 的文档编辑区中打开该文档，并点击文档编辑区中的 设计 按钮，使用"设计"编辑模式显示"设计"视图，将文档的标题设置为"图片的运用（桃花）"，如图 3 - 1 - 16 所示。

（17）在文档编辑区中输入标题"桃花"，然后按 Enter 回车键，如图 3 - 1 - 17 所示。

图 3 - 1 - 16　　　　　　　　　　　　　　　图 3 - 1 - 17

（18）打开文件夹 others 中的桃花 . txt，将全部文字复制到 0301b. html，如图3 - 1 - 18 所示。

（19）新建 CSS 的类". biaoti"。设置字体：华文楷体；大小：36px；粗细：bold；颜色：#F00；文本对齐方式：center。如图 3 - 1 - 19 和图 3 - 1 - 20 所示。

（20）选中标题文字内容"桃花"，应用类". biaoti"，效果如图 3 - 1 - 21 所示。

图 3 - 1 - 18　　　　　　　　　　　　　　　图 3 - 1 - 19

图 3 - 1 - 20　　　　　　　　　　　　　　　图 3 - 1 - 21

（21）新建 CSS 的类 ".zhengwen"。设置字体：华文仿宋；大小：18px；高度（Line-height）：20px。如图 3-1-22 所示。

（22）选中除标题"桃花"以外的所有文字内容，应用类 ".zhengwen"，效果如图3-1-23所示。

图 3-1-22

图 3-1-23

（23）新建类 ".shouzi"。设置字体：楷体；大小：36px；粗细：bold；浮动（Float）：left；上内边距（Padding-Top）：10px；右内边距（Padding-Right）：5px。如图 3-1-24 和图 3-1-25 所示。

（24）分别选中正文部分 5 个段落的首字，应用类 ".shouzi"，效果如图 3-1-26 所示。

（25）将光标置于正文第一段的文字内容"均为种和品种群的重要分类依据。"，效果如图 3-1-27 所示。

图 3-1-24

图 3-1-25

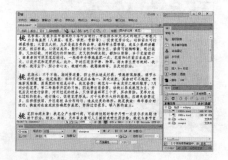

图 3-1-26

图 3-1-27

（26）打开"插入"面板，执行"常用—图像：图像"命令，弹出"选择图像源文件"对话框，选择图片 02. jpg，如图 3 - 1 - 28 所示，然后点击"确定"按钮。

（27）插入图片后，如图 3 - 1 - 29 所示。

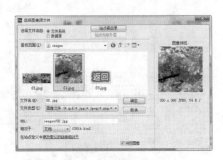

图 3 - 1 - 28　　　　　　　　　　　图 3 - 1 - 29

（28）新建 CSS 的类". taohua"。设置浮动（Float）：向右浮动（right）；外边距（Margin）选择全部相同，均为 10px。如图 3 - 1 - 30 所示。

（29）选中图片 02. jpg，应用类". taohua"，效果如图 3 - 1 - 31 所示。

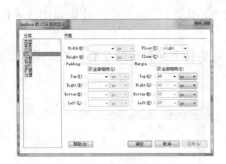
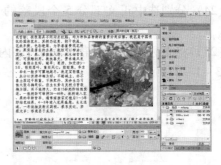

图 3 - 1 - 30　　　　　　　　　　　图 3 - 1 - 31

（30）将光标置于正文的最后，然后按 Enter 回车键，如图 3 - 1 - 32 所示。

（31）执行"格式—对齐—右对齐"命令，将光标右对齐，如图 3 - 1 - 33 所示。

图 3 - 1 - 32　　　　　　　　　　　图 3 - 1 - 33

（32）打开"插入"面板，执行"常用—图像：图像"命令，弹出"选择图像源文件"对话框，选择图片03. jpg，如图3-1-34所示，然后点击"确定"按钮。

（33）插入图像后，如图3-1-35所示。

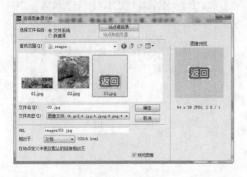

图3-1-34　　　　　　　　　　　　　　　图3-1-35

（34）选中图片03. jpg，在"属性"面板中设置链接路径为"0301a. html"，如图
3-1-36所示。

图3-1-36

（35）保存0301b. html，按F12，如图3-1-37所示。从图中可以看出，图片设置了
超链接路径后，出现边框，而这个边框并不是所需要的。

（36）新建CSS的类". fanhui"。边框的宽度选中"全部相同"，均为0px。如
图3-1-38所示。

图3-1-37　　　　　　　　　　　　　　　图3-1-38

（37）选中图片03. jpg，应用类". fanhui"，效果如图3-1-39所示。

（38）保存0301b. html，按F12，效果如图3-1-40所示。从图中可以看出，图片边
框消失。至此，0301b. html完成。

图 3 - 1 - 39 　　　　　　　　　　　　　　　　　图 3 - 1 - 40

（39）至此，本任务完成。

 拓展练习

围绕"端午节"这个主题，根据本任务所学的内容制作网页，实现图文混排的页面效果。

任务 2 　图片与"行为"的运用

 任务说明

本任务将通过"行为"制作图片的各种动态变化效果，最终效果如下图所示。

 任务目标

通过本任务的学习，读者能够掌握与图片相关的"行为—效果"的操作，包括增大、收缩、挤压、显示、渐隐、晃动、滑动和遮帘。

实训步骤

（1）在 D 盘创建文件夹 website，将文件夹 D：\ website 作为本任务的本地根目录，并以此建立 Dreamweaver 站点 webpage。复制图片素材文件夹 images 到站点。在站点根目录下新建文件 0302. html 和子文件夹 html，然后在子文件夹 html 中新建文件 01. html、02. html、03. html、04. html、05. html、06. html、07. html 和 08. html。如图3－2－1所示。

（2）双击 0302. html，在 Dreamweaver 的文档编辑区中打开该文档，并点击文档编辑区中的 设计 按钮，使用"设计"编辑模式显示"设计"视图，将文档的标题设置为"图片与'行为'的运用"，如图 3－2－2 所示。

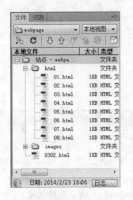

图 3－2－1

图 3－2－2

（3）将光标置于文档编辑区，执行"格式—对齐—居中对齐"命令，效果如图3－2－3所示。

（4）打开"插入"面板，执行"常用—图像：图像"命令，打开"选择图像源文件"对话框，选择 images 文件夹中的图像文件 biaoti01. jpg，如图 3－2－4 所示。

图 3－2－3

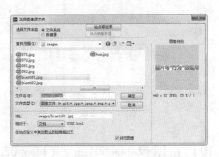

图 3－2－4

（5）在"选择图像源文件"对话框中，点击"确定"按钮，文档编辑区如图3－2－5所示。

（6）选中图像 biaoti01. jpg，打开"标签检查器"面板，执行"行为—添加行为 "命令。在弹出的行为列表中，选择"交换图像"命令，弹出"交换图像"对话框，如图

3-2-6所示。

图 3-2-5　　　　　　　　　　　　　　　　图 3-2-6

（7）在"交换图像"对话框，"设定原始档为"选择 images 文件夹的文件 biao-ti02.jpg，勾选"预先载入图像"和"鼠标滑开时恢复图像"，如图 3-2-7 所示，然后点击"确定"按钮。

（8）"标签检查器"面板如图 3-2-8 所示。

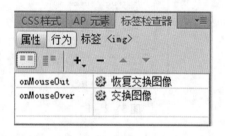

图 3-2-7　　　　　　　　　　　　　　　　图 3-2-8

（9）保存 0302.html，按 F12 浏览页面，鼠标在图像"图片与'行为'的运用"外的效果如图 3-2-9 所示，鼠标在图像"图片与'行为'的运用"内的效果如图 3-2-10 所示。

图 3-2-9　　　　　　　　　　　　　　　　图 3-2-10

（10）在图像 biaoti01.jpg（biaoti02.jpg）后按 Enter 回车键，文档编辑区如图 3-2-11 所示。

（11）打开"插入"面板，执行"常用—图像：鼠标经过图像"命令，弹出"插入鼠标经过图像"对话框，如图 3-2-12 所示。

图 3 - 2 - 11

图 3 - 2 - 12

（12）在"插入鼠标经过图像"对话框中，"原始图像"选择 images 文件夹中的图像 011. jpg，"鼠标经过图像"选择 images 文件夹中的图像 012. jpg，勾选"预载鼠标经过图像"，"替换文本"输入"增大"，"按下时，前往的 URL"选择 html 文件夹中的文件 01. html，如图 3 - 2 - 13 所示。

（13）在"插入鼠标经过图像"对话框中，点击"确定"按钮，文档编辑区和"标签检查器"面板如图 3 - 2 - 14 所示。

图 3 - 2 - 13

图 3 - 2 - 14

（14）新建 CSS 的类". lanmu"，边框的宽度选中"全部相同"，均为 0px。如图 3 - 2 - 15。

（15）选中图像 011. jpg（012. jpg，"增大"），应用 CSS 类". lanmu"，去除图像超链接时默认出现的边框。

（16）保存 0302. html，按 F12 浏览页面，鼠标在图像"增大"外的效果如图 3 - 2 - 16 所示，鼠标在图像"增大"内的效果如图 3 - 2 - 17 所示。点击图像"增大"，页面跳转到 html/01. html。

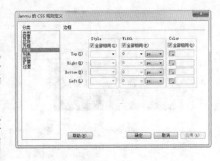

图 3 - 2 - 15

图 3 - 2 - 16

图 3 - 2 - 17

（17）在图像 011. jpg（012. jpg，"增大"）后面连续按 6 次空格键，如图 3 - 2 - 18 所示。

（18）参考步骤 11～17，依次完成图像"收缩"（图像 021. jpg 和 022. jpg、页面 html/02. html）、"挤压"（图像 031. jpg 和 032. jpg、页面 html/03. html）、"显示"（图像 041. jpg 和 042. jpg、页面 html/04. html）、"渐隐"（图像 051. jpg 和 052. jpg、页面 html/05. html）、"晃动"（图像 061. jpg 和 062. jpg、页面 html/06. html）、"滑动"（图像 071. jpg 和 072. jpg、页面 html/07. html）和"遮帘"（图像 081. jpg 和 082. jpg、页面 html/08. html）的鼠标经过图像效果制作。

图 3 - 2 - 18

（19）至此，页面 0302. html 完成，如图3 - 2 - 19 所示。

（20）双击 html/01. html，在 Dreamweaver 的文档编辑区中打开该文档，并点击文档编辑区中的 [设计] 按钮，使用"设计"编辑模式显示"设计"视图，将文档的标题设置为"增大效果"，并插入图像 hua. jpg，如图 3 - 2 - 20 所示。

图 3 - 2 - 19

（21）选中图像 hua. jpg，打开"标签检查器"面板，执行"行为—添加行为 ![+]"命令。在弹出的行为列表中，选择"效果—增大/收缩"命令，弹出"增大/收缩"对话框。"目标元素"选择"＜当前选定内容＞"，"效果持续时间"输入"3000"，"效果"选择"增大"，"增大自"输入"20"，"增大到"输入"100"，"增大自"选择"居中对齐"，不勾选"切换效果"。如图 3 - 2 - 21 所示。

图 3 - 2 - 20

图 3 - 2 - 21

（22）完成"增大/收缩"对话框的设置后（事件选择"onClick"），"标签检查器"如图 3 - 2 - 22 所示。

（23）保存页面 01. html，按 F12 浏览页面，点击图像 hua. jpg，效果如图 3 - 2 - 23 所示。

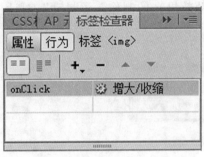

图 3 – 2 – 22

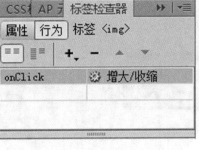

图 3 – 2 – 23

（24）参考步骤 20～23，完成 02. html（收缩效果）的制作。"增大/收缩"对话框的设置如下："目标元素"选择"＜当前选定内容＞"，"效果持续时间"输入"3000"，"效果"选择"收缩"，"收缩自"输入"100"，"收缩到"输入"20"，"收缩到"选择"左上角"，不勾选"切换效果"。如图 3 – 2 – 24 所示。

（25）参考步骤 20～23，完成 03. html（挤压效果）的制作。"挤压"对话框如图 3 – 2 – 25 所示。

图 3 – 2 – 24

图 3 – 2 – 25

（26）参考步骤 20～23，完成 04. html（显示效果）的制作。"显示/渐隐"对话框的设置如下："目标元素"选择"＜当前选定内容＞"，"效果持续时间"输入"5000"，"效果"选择"显示"，"显示自"输入"10"，"显示到"输入"100"，不勾选"切换效果"。如图 3 – 2 – 26 所示。

（27）参考步骤 20～23，完成 05. html（渐隐效果）的制作。"显示/渐隐"对话框的设置如下："目标元素"选择"＜当前选定内容＞"，"效果持续时间"输入"5000"，"效果"选择"渐隐"，"渐隐自"输入"100"，"渐隐到"输入"10"，不勾选"切换效果"。如图 3 – 2 – 27 所示。

图 3 – 2 – 26

图 3 – 2 – 27

（28）参考步骤 20～23，完成 06. html（晃动效果）的制作。"晃动"对话框如图
3－2－28 所示。

图 3－2－28

（29）双击 html/07. html，在 Dreamweaver 的文档编辑区中打开该文档，并点击文档编
辑区中的 设计 按钮，使用"设计"编辑模式显示"设计"视图，将文档的标题设置为
"滑动效果"，如图 3－2－29 所示。

（30）打开"插入"面板，执行"布局—绘制 AP Div"命令，在文档编辑区的左上角
绘制一个 AP Div 区域。如图 3－2－30 所示。

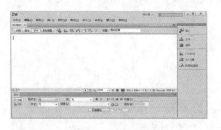 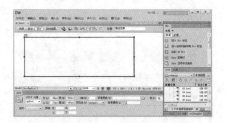

图 3－2－29   图 3－2－30

（31）将光标置于 AP Div 区域内，打开"插入"面板，执行"常用—图像：图像"
命令，插入图像 hua. jpg，如图 3－2－31 所示。

（32）选中 AP Div 区域，打开"标签检查器"面板，执行"行为—添加行为 +▾"命
令。在弹出的行为列表中，选择"效果—滑动"命令，弹出"滑动"对话框。"目标元
素"选择"＜当前选定内容＞"，"效果持续时间"输入"3000"，"效果"选择"上滑"，
"上滑自"输入"100"，"上滑到"输入"10"，勾选"切换效果"。如图 3－2－32 所示。

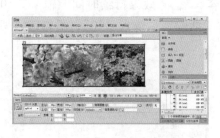 

图 3－2－31   图 3－2－32

（33）完成"滑动"对话框的设置后（事件选择"onClick"），"标签检查器"如图
3－2－33 所示。

（34）参考步骤 29～33，完成 08. html（遮帘效果）的制作。"遮帘"对话框的设置如下："目标元素"选择"＜当前选定内容＞"，"效果持续时间"输入"3000"，"效果"选择"向上遮帘"，"向上遮帘自"输入"100"，"向上遮帘到"输入"10"，勾选"切换效果"。如图 3－2－34 所示。

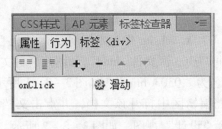

图 3－2－33

图 3－2－34

（35）至此，本任务完成。

 拓展练习

围绕"端午节"这个主题，根据本任务所学的内容，自行挑选图片，实现与图片相关的"行为—效果"的操作，如增大、收缩、挤压、显示、渐隐、晃动、滑动和遮帘。

任务 3 图片与 CSS 基本滤镜

 任务说明

本任务将运用 CSS 基本滤镜制作图片的各类显示效果，最终效果如下图所示。

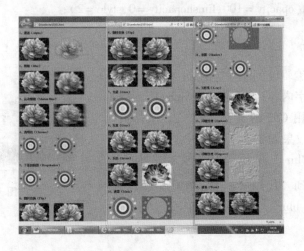

任务目标

通过本任务的学习，读者能够掌握与图片相关的各种 CSS 基本滤镜的定义和加载等。

 实训步骤

（1）在 D 盘创建文件夹 website，将文件夹 D：\ website 作为本任务的本地根目录，并以此建立 Dreamweaver 站点 webpage。复制文件"0303 源文件.html"和图片素材文件夹 images 到站点，并将"0303 源文件.html"重命名为"0303.html"。如图 3-3-1 所示。

（2）双击 0303.html，在 Dreamweaver 的文档编辑区中打开该文档，并点击文档编辑区中的 设计 按钮，使用"设计"编辑模式显示"设计"视图，如图 3-3-2 所示。

图 3-3-1

图 3-3-2

（3）通道（Alpha）滤镜。点击文档编辑区的 代码 按钮，切换到"代码"视图，在代码编辑区域中新建 CSS 的类".alpha"，具体代码如下：

```
.alpha{
    filter:alpha(opacity = 100,finishopacity = 0,style = 2);
}
```

（4）点击文档编辑区的 设计 按钮，切换到"设计"视图，选中文字内容"1. 通道（Alpha）"下面一行右侧的图像，应用 CSS 的类".alpha"。保存页面，按 F12 浏览页面，效果如图 3-3-3 所示。

（5）模糊（Blur）滤镜。点击文档编辑区的 代码 按钮，切换到"代码"视图，在代码编辑区域中新建 CSS 的类".blur"，具体代码如下：

图 3-3-3

```
.blur {
    filter: progid: DXImageTransform. Microsoft. blur (pixelradius = 10, makeshadow =
```

false）;

　　}

（6）点击文档编辑区的 设计 按钮，切换到"设计"视图，选中文字内容"2. 模糊（Blur）"下面一行右侧的图像，应用 CSS 的类". blur"。保存页面，按 F12 浏览页面，效果如图 3 - 3 - 4 所示。

图 3 - 3 - 4

（7）运动模糊（Motion blur）滤镜。点击文档编辑区的 代码 按钮，切换到"代码"视图，在代码编辑区域中新建 CSS 的类". motionblur"，具体代码如下：

. motionblur{

filter:progid:DXImageTransform. Microsoft. MotionBlur（strength = 45，direction = 90，add = true）;

　　}

（8）点击文档编辑区的 设计 按钮，切换到"设计"视图，选中文字内容"3. 运动模糊（Motion Blur）"下面一行右侧的图像，应用 CSS 的类". motionblur"。保存页面，按 F12 浏览页面，效果如图 3 - 3 - 5 所示。

图 3 - 3 - 5

（9）透明色（Chroma）滤镜。点击文档编辑区的 代码 按钮，切换到"代码"视图，在代码编辑区域中新建 CSS 的类". chroma"，具体代码如下：

. chroma{

filter:chroma（color = 00FF00）;

　　}

（10）点击文档编辑区的 设计 按钮，切换到"设计"视图，选中文字内容"4. 透明色（Chroma）"下面一行右侧的图像，应用 CSS 的类". chroma"。保存页面，按 F12 浏览页面，效果如图 3 - 3 - 6 所示。

（11）下落的阴影（Drop Shadow）滤镜。点击文档编辑区的 代码 按钮，切换到"代码"视图，在代码编辑区域中新建 CSS 的类". dropshadow"，具体代码如下：

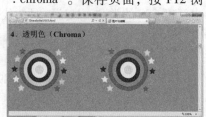

图 3 - 3 - 6

```
.dropshadow{
    filter:dropshadow(color = #0F0, offx = 2, offy = 6, positive = true);
}
```

（12）点击文档编辑区的 设计 按钮，切换到
"设计"视图，选中文字内容"5.下落的阴影（Drop
Shadow）"下面一行右侧的图像，应用 CSS 的类
".dropshadow"。保存页面，按 F12 浏览页面，效果如
图 3 - 3 - 7 所示。

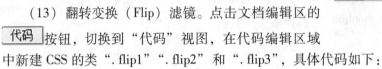

图 3 - 3 - 7

（13）翻转变换（Flip）滤镜。点击文档编辑区的
代码 按钮，切换到"代码"视图，在代码编辑区域
中新建 CSS 的类".flip1"".flip2"和".flip3"，具体代码如下：

```
.flip1{
    filter:fliph;
}
.flip2{
    filter:flipv;
}
.flip3{
    filter:flipv fliph;
}
```

（14）点击文档编辑区的 设计 按钮，切换到
"设计"视图，选中文字内容"6.翻转变换（Flip）"
下面第一行右侧的图像，应用 CSS 的类".flip1"；选
中第二行左侧的图像，应用 CSS 的类".flip2"；选中
第二行右侧的图像，应用 CSS 的类".flip3"。保存页
面，按 F12 浏览页面，效果如图3 - 3 - 8所示。

（15）光晕（Glow）滤镜。点击文档编辑区的
代码 按钮，切换到"代码"视图，在代码编辑区域
中新建 CSS 的类".glow"，具体代码如下：

图 3 - 3 - 8

```
.glow {
    filter: glow (color = #FFC9CC, strength = 6);
}
```

（16）点击文档编辑区的 设计 按钮，切换到"设计"视图，选中文字内容"7.光

晕（Glow）"下面一行右侧的图像，应用 CSS 的类".glow"。保存页面，按 F12 浏览页面，效果如图3 – 3 – 9所示。

（17）灰度（Gray）滤镜。点击文档编辑区的 代码 按钮，切换到"代码"视图，在代码编辑区域中新建 CSS 的类".gray"，具体代码如下：

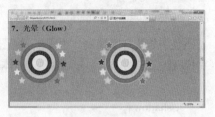

图 3 – 3 – 9

```css
.gray {
    filter: gray;
}
```

（18）点击文档编辑区的 设计 按钮，切换到"设计"视图，选中文字内容"8. 灰度（Gray）"下面一行右侧的图像，应用 CSS 的类".gray"。保存页面，按 F12 浏览页面，效果如图3 – 3 – 10所示。

（19）反色（Invert）滤镜。点击文档编辑区的 代码 按钮，切换到"代码"视图，在代码编辑区域中新建 CSS 的类".invert"，具体代码如下：

图 3 – 3 – 10

```css
.invert {
    filter: invert;
}
```

（20）点击文档编辑区的 设计 按钮，切换到"设计"视图，选中文字内容"9. 反色（Invert）"下面一行右侧的图像，应用 CSS 的类".invert"。保存页面，按 F12 浏览页面，效果如图3 – 3 – 11 所示。

（21）遮罩（Mask）滤镜。点击文档编辑区的 代码 按钮，切换到"代码"视图，在代码编辑区域中新建 CSS 的类".mask"，具体代码如下：

图 3 – 3 – 11

```css
.mask {
    filter:mask(color = #8538FF);
}
```

（22）点击文档编辑区的 设计 按钮，切换到"设计"视图，选中文字内容"10. 遮罩（Mask）"下面一行右侧的图像，应用 CSS 的类".mask"。保存页面，按 F12 浏览页面，效果如图3 – 3 – 12 所示。

（23）阴影（Shadow）滤镜。点击文档编辑区的 代码 按钮，切换到"代码"视图，在代码编辑区域中新建 CSS 的类". shadow"，具体代码如下：

```
. shadow{
    filter: shadow ( color = # CCBBFF, direction = 45);
}
```

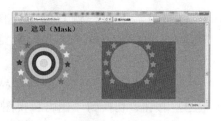

图 3 - 3 - 12

（24）点击文档编辑区的 设计 按钮，切换到"设计"视图，选中文字内容"11. 阴影（Shadow）"下面一行右侧的图像，应用 CSS 的类". shadow"。保存页面，按 F12 浏览页面，效果如图 3 - 3 - 13 所示。

（25）X 射线（X-ray）滤镜。点击文档编辑区的 代码 按钮，切换到"代码"视图，在代码编辑区域中新建 CSS 的类". xray"，具体代码如下：

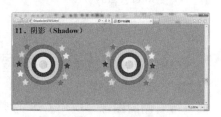

图 3 - 3 - 13

```
. xray {
    filter: xray;
}
```

（26）点击文档编辑区的 设计 按钮，切换到"设计"视图，选中文字内容"12. X 射线（X-ray）"下面一行右侧的图像，应用 CSS 的类". xray"。保存页面，按 F12 浏览页面，效果如图 3 - 3 - 14 所示。

（27）浮雕（Emboss）滤镜。点击文档编辑区的 代码 按钮，切换到"代码"视图，在代码编辑区域中新建 CSS 的类". emboss"，具体代码如下：

图 3 - 3 - 14

```
. emboss{
    filter:progid:DXImageTransform. microsoft. emboss( bias = 0. 6);
}
```

（28）点击文档编辑区的 设计 按钮，切换到"设计"视图，选中文字内容"13. 浮雕（Emboss）"下面一行右侧的图像，应用 CSS 的类". emboss"。保存页面，按 F12 浏览页面，效果如图 3 - 3 - 15 所示。

图 3 - 3 - 15

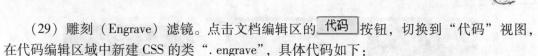

（29）雕刻（Engrave）滤镜。点击文档编辑区的 代码 按钮，切换到"代码"视图，在代码编辑区域中新建 CSS 的类".engrave"，具体代码如下：

```
.engrave{
    filter:progid:DXImageTransform.microsoft.engrave(bias=0.6);
}
```

（30）点击文档编辑区的 设计 按钮，切换到"设计"视图，选中文字内容"14.雕刻（Engrave）"下面一行右侧的图像，应用 CSS 的类".engrave"。保存页面，按 F12 浏览页面，效果如图 3-3-16 所示。

图 3-3-16

（31）波浪（Wave）滤镜。点击文档编辑区的 代码 按钮，切换到"代码"视图，在代码编辑区域中新建 CSS 的类".wave"，具体代码如下：

```
.wave{
    filter:wave(add=0,freq=12,lightstrength=20,phase=180,strength=3);
}
```

（32）点击文档编辑区的 设计 按钮，切换到"设计"视图，选中文字内容"15.波浪（Wave）"下面一行右侧的图像，应用 CSS 的类".wave"。保存页面，按 F12 浏览页面，效果如图 3-3-17 所示。

（33）至此，本任务完成。

图 3-3-17

 拓展练习

围绕"端午节"这个主题，根据本任务所学的内容，自行挑选图片，实现与图片相关的 CSS 基本滤镜效果。

任务4 图片与 CSS 高级滤镜

 任务说明

本任务将运用 CSS 高级滤镜制作图片的各类显示效果，最终效果如下图所示。

 任务目标

通过本任务的学习，读者能够掌握与图片相关的各种 CSS 高级滤镜的定义和加载等。

 实训步骤

（1）在 D 盘创建文件夹 website，将文件夹 D：\ website 作为本任务的本地根目录，并以此建立 Dreamweaver 站点 webpage。复制图片素材文件夹 images 到站点，并新建文件 0304a. html、0304b. html 和 0304c. html。如图 3 - 4 - 1 所示。

（2）双击 0304a. html，在 Dreamweaver 的文档编辑区中打开该文档，并点击文档编辑区中的 设计 按钮，使用"设计"编辑模式显示"设计"视图，页面标题设置为"BlendTrans 滤镜"，如图 3 - 4 - 2 所示。

图 3 - 4 - 1

图 3 - 4 - 2

（3）打开"插入"面板，执行"常用—图像：图像"命令，弹出"选择图像源文件"对话框，选择图片 01. jpg，如图 3 - 4 - 3 所示。

（4）点击"选择图像源文件"对话框中的"确定"按钮，插入图像后，文档编辑区如图 3 - 4 - 4 所示。

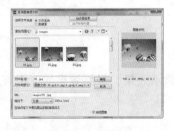

图 3 - 4 - 3

图 3 - 4 - 4

（5）选中图片 01. jpg，设置图片的 ID 属性值。在"属性"面板的"ID"项中输入"pic01"，如图 3 － 4 － 5 所示。

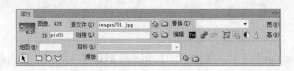

图 3 － 4 － 5

（6）渐隐变换（BlendTrans）滤镜。点击文档编辑区的 代码 按钮，切换到"代码"视图，在代码编辑区域中添加 CSS 代码重新定义 HTML 元素 < img > 标记，具体代码如下：

```
< style type = " text/css" >
img{
    filter:BlendTrans( duration = 3 ) ;        /* 图片淡入淡出的转换时间为 3 秒 */
    border:none;
}
</style >
```

（7）在上述 CSS 代码的下面继续添加 JavaScript 代码，实现图片的淡入淡出效果，具体代码如下：

```
< script language = " javascript" >
    function pics1( a ) {                        /* 获取数组的元素个数 */
    this. length = a;
}
picsrc = new pics1(4) ;                        /* 声明数组,数组元素个数为 4 */
picsrc[ 0 ] = " images/01. jpg" ;
                /* 数组元素的下标由 0 开始,将图片的相对路径赋值给数组元素 */
picsrc[ 1 ] = " images/02. jpg" ;
picsrc[ 2 ] = " images/03. jpg" ;
picsrc[ 3 ] = " images/04. jpg" ;
var i = 0;
function picplay1( ) {                         /* 定义函数,实现图片淡入淡出效果 */
    if ( i = =3 ) { i = 0; }
            /* 当数组元素的下标等于 3 时,重新赋值为 0,即返回第一个数组元素 */
    else{ i + + ; }                           /* 数组元素的下标加 1 */
    pic01. filters[ 0 ]. apply( ) ;
                /* 图片的 name 属性值为 pic01,加载滤镜的动态效果 */
```

```
pic01. src = picsrc[i];                    /*将数组元素的值赋值给图片的 src 属性*/
pic01. filters[0]. play();                 /*播放滤镜的动态效果*/
showtime = setTimeout("picplay1()",5000); /*图片的演示时间为 5 秒*/
}
</script>
```

(8) 调用函数 picplay1 ()。在图片 01. jpg 的 HTML 标记的下面添加 JavaScript 语句，具体代码如下：

```
<img src = "images/01. jpg" width = "700" height = "438" name = "pic01" />
<! --调用函数 picplay1() -->
<script language = "javascript" > picplay1();
</script>
```

(9) 至此，0304a. html 完成。保存页面，按 F12 浏览页面，效果如图 3 - 4 - 6 所示。

图 3 - 4 - 6

(10) 双击 0304b. html，在 Dreamweaver 的文档编辑区中打开该文档，并点击文档编辑区中的 设计 按钮，使用"设计"编辑模式显示"设计"视图，页面标题设置为"RevealTrans 滤镜"，如图 3 - 4 - 7 所示。

(11) 打开"插入"面板，执行"常用—图像：图像"命令，弹出"选择图像源文件"对话框，选择图片 05. jpg，如图 3 - 4 - 8 所示。

图 3 - 4 - 7

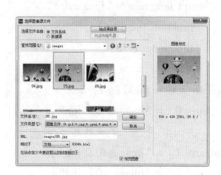

图 3 - 4 - 8

(12) 点击"选择图像源文件"对话框中的"确定"按钮，插入图像后，文档编辑区如图 3 - 4 - 9 所示。

(13) 选中图片 05. jpg，设置图片的 ID 属性值。在"属性"面板的"ID"项中输入"pic02"，如图 3 - 4 - 10 所示。

图 3 – 4 – 9　　　　　　　　　　　　　　图 3 – 4 – 10

（14）变换（RevealTrans）滤镜。点击文档编辑区的 代码 按钮，切换到"代码"视图，在代码编辑区域中添加 CSS 代码重新定义 HTML 元素 < img > 标记，具体代码如下：

```
< style type = " text/css" >
img{
    filter:RevealTrans( Transition = 23 , Duration = 3 ) ;
                            / * 随机选择切换方式,切换时间为 3 秒 * /
    border:none;
}
</style >
```

（15）在上述 CSS 代码的下面继续添加 JavaScript 代码，实现图片的幻灯片切换效果，具体代码如下：

```
< script language = " javascript" >
function pics2( a) {
    this. length = a;
}
picsrc = new pics2(4) ;
picsrc[ 0 ] = " images/05. jpg" ;
picsrc[ 1 ] = " images/06. jpg" ;
picsrc[ 2 ] = " images/07. jpg" ;
picsrc[ 3 ] = " images/08. jpg" ;
var i = 0;
function picplay2( ) {
    if ( i = = 3 ) { i = 0; }
    else{ i + + ; }
    pic02. filters[ 0 ]. apply( ) ;
    pic02. src = picsrc[ i ] ;
    pic02. filters[ 0 ]. play( ) ;
```

```
showtime = setTimeout("picplay2()",5000);
}
</script>
```

（16）调用函数 picplay2（ ）。在图片 05. jpg 的
HTML 标记的下面添加 JavaScript 语句，具体代码
如下：

```
<img src = "images/05. jpg" width = "700" height
= "438" name = "pic02"/>
<script language = "javascript" > picplay2();
</script>
```

图 3 – 4 – 11

（17）至此，0304b. html 完成。保存页面，按 F12 浏览页面，效果如图 3 – 4 – 11
所示。

（18）双击 0304c. html，在 Dreamweaver 的文档编辑区中打开该文档，并点击文档编
辑区中的 设计 按钮，使用"设计"编辑模式显示"设计"视图，页面标题设置为
"Light 滤镜"，如图 3 – 4 – 12 所示。

（19）打开"插入"面板，执行"常用—图像：图像"命令，弹出"选择图像源文
件"对话框，选择图片 panda. jpg，如图 3 – 4 – 13 所示。

图 3 – 4 – 12

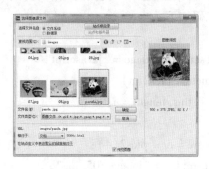

图 3 – 4 – 13

（20）点击"选择图像源文件"对话框中的"确定"按钮，插入图像后，文档编辑区
如图 3 – 4 – 14 所示。

（21）点击页面"属性"面板上的"页面属性"按钮，弹出"页面属性"对话框，
页面背景颜色设置为"#000"，如图 3 – 4 – 15 所示。

图 3 - 4 - 14　　　　　　　　　图 3 - 4 - 15

（22）页面设置背景颜色后，如图 3 - 4 - 16 所示。

（23）灯光（Light）滤镜。点击文档编辑区的 代码 按钮，切换到"代码"视图，在代码编辑区域中添加 DIV 标记，将图片 panda. jpg 置于 DIV 区域内，具体代码如下：

```
< div id = " pic03" >
< img src = " images/panda. jpg"  width = " 500"
height = " 375" >
</ div >
```

图 3 - 4 - 16

（24）在代码编辑区域中添加 CSS 代码重新定义 HTML 元素 < div > 标记，具体代码如下：

```
div {
    filter:light;
    width:500px;
                /* 必须指定 DIV 区域的宽度（或高度），否则 Light 滤镜不起作用 */
}
```

（25）在 HTML 标记 </div > 的下面添加 JavaScript 代码，实现添加点光源和移动点光源的功能，具体代码如下：

```
< script language = " javascript" >
pic03. filters. light(0). addPoint(0,0,80,255,255,160,100);        /* 添加点光源 */
function LightMove( ) {                                              /* 移动点光源 */
pic03. filters[0]. MoveLight(0,window. event. x - 20,window. event. y - 20,80,1);
}
</ script >
```

（26）在 < div > 标记中添加 onMouseMove 事件调用 LightMove 函数，实现探照灯效果，具体代码如下：

```
< div onMouseMove = "javascript:LightMove( )" id = "pic03" >
< img src = "images/panda. jpg" width = "500" height = "375" >
</div >
```

（27）至此，0304c. html 完成。保存页面，按 F12 浏览页面，效果如图 3 - 4 - 17 所示。

（28）至此，本任务完成。

图 3 - 4 - 17

 拓展练习

围绕"端午节"这个主题，根据本任务所学的内容，自行挑选图片，实现与图片相关的 CSS 高级滤镜效果。

任务 5   图片与 JavaScript 脚本

 任务说明

本任务将结合 JavaScript 脚本制作图片的各类动态变化效果，最终效果如下图所示。

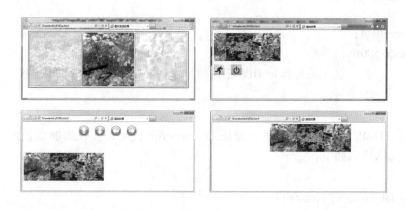

 任务目标

通过本任务的学习，读者能够掌握如何结合 JavaScript 脚本制作 Alpha 滤镜的动态变化效果和 Marquee 滚动效果。

实训步骤

（1）在 D 盘创建文件夹 website，将文件夹 D：\ website 作为本任务的本地根目录，并以此建立 Dreamweaver 站点 webpage。复制图片素材文件夹 images、网页源文件 0305a 源文件 . html、0305b 源文件 . html、0305c 源文件 . html 和 0305d 源文件 . html 到站点，并将网页源文件重命名为 0305a. html、0305b. html、0305c. html 和 0305d. html。如图 3 – 5 – 1 所示。

（2）双击 0305a. html，在 Dreamweaver 的文档编辑区中打开该文档，并点击文档编辑区中的 设计 按钮，使用"设计"编辑模式显示"设计"视图，如图 3 – 5 – 2 所示。

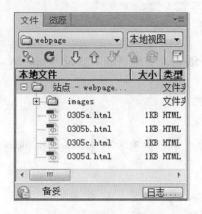

图 3 – 5 – 1

图 3 – 5 – 2

（3）选中左侧的图片，在"属性"面板的"ID"项中输入属性值"fs01"，如图 3 – 5 – 3 所示。

图 3 – 5 – 3

（4）参考步骤 3，分别将中间图片的 ID 属性值设置为"fs02"，将右侧图片的 ID 属性值设置为"fs03"。

（5）点击文档编辑区的 代码 按钮，切换到"代码"视图，在代码编辑区域中新建 CSS 的类". alpha"，实现 Alpha 滤镜的效果，具体代码如下：

```
< style type = "text/css" >
. alpha{
    filter:alpha( opacity = 20 );
}
</style >
```

（6）分别选中三张图片，应用 CSS 的类 ".alpha"。保存页面，按 F12 浏览页面，显示效果如图 3 – 5 – 4 所示。

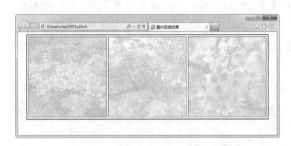

图 3 – 5 – 4

（7）在代码编辑区域中，继续添加 JavaScript 语句，实现 Alpha 滤镜的 opacity 参数值的变化效果，具体代码如下：

```
< script language = "javascript" >
function pic( picname,picmouse)        /∗定义函数 pic,具有参数 picname 和 picmouse ∗/
{
if ( picmouse = =0)
        picname. filters. alpha. opacity =100
           /∗当 picmouse 等于 0 时,picname 的 alpha 滤镜的 opacity 参数的值是 100 ∗/
else
        picname. filters. alpha. opacity =20
           /∗当 picmouse 不等于 0 时,picname 的 alpha 滤镜的 opacity 参数的值是 20 ∗/
}
</script >
```

（8）选中左侧的图片，在代码编辑区中找到相应的 HTML 代码，具体代码如下：

```
< img src = "images/01. jpg" width = "250" height = "250" id = "fs01" class = "alpha" / >
```

（9）在上述代码中，添加鼠标的行为事件 onmouseover 和 onmouseout，当 onmouseover 事件发生时触发 pic 函数，并传递参数 fs01 和 0；当 onmouseout 事件发生时触发 pic 函数，并传递参数 fs01 和 1。具体代码如下：

```
< img src = "images/01. jpg" width = "250" height = "250" id = "fs01" class = "alpha"
onmouseover = "pic( fs01 ,0)" onmouseout = "pic( fs01 ,1)"/ >
```

（10）参考步骤 8~9，分别找到中间和右侧图片相应的 HTML 代码，添加鼠标的行为事件 onmouseover 和 onmouseout，具体代码如下：

```
< img src = " images/02. jpg" width = "250" height = "250" id = "fs02" class = "alpha"
onmouseover = " pic( fs02 ,0)" onmouseout = " pic( fs02 ,1)" / >
```

```
< img src = " images/03. jpg" width = "250" height = "250" id = "fs03" class = "alpha"
onmouseover = " pic( fs03 ,0)" onmouseout = " pic( fs03 ,1)" / >
```

（11）至此，0305a. html 完成。保存页面，按 F12 浏览页面，显示效果如图 3 – 5 – 5 所示。

（12）双击 0305b. html，在 Dreamweaver 的文档编辑区中打开该文档，并点击文档编辑区中的 设计 按钮，使用"设计"编辑模式显示"设计"视图，如图 3 – 5 – 6 所示。

图 3 – 5 – 5

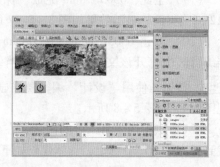

图 3 – 5 – 6

（13）点击选中第一行的图片，在代码编辑区找到相应的 HTML 标记，具体代码如下：

```
< img src = " images/04. jpg" width = "390" height = "130" / >
```

（14）在上述代码的前后添加 HTML 标记 < marquee >，图片产生滚动效果，具体代码如下：

```
< marquee id = " aa" direction = " right" scrollamount = "3" >
< img src = " images/04. jpg" width = "390" height = "130" / >
</ marquee >
```

（15）在代码编辑区中找到 HTML 标记 < body >，添加 onload 事件，页面加载时图片不会滚动，具体代码如下：

```
< body onload = " aa. stop( )" >
```

（16）点击选中第二行左侧的图片，在代码编辑区找到相应的 HTML 标记，具体代码如下：

```
< img src = "images/zou. jpg" width = "50" height = "50" / >
```

（17）在上述代码中添加 onclick 事件，令图片开始滚动，具体代码如下：

```
< img src = "images/zou. jpg" width = "50" height = "50" onclick = "aa. start( )"/ >
```

（18）参考步骤 16～17，点击选中第二行右侧的图片，在代码编辑区找到相应的 HT-ML 标记，添加 onclick 事件，令图片停止滚动，具体代码如下：

```
< img src = "images/ting. jpg" width = "50" height = "50" onclick = "aa. stop( )"/ >
```

（19）至此，0305b. html 完成。保存页面，按 F12 浏览页面，显示效果如图 3 - 5 - 7 所示。

（20）双击 0305c. html，在 Dreamweaver 的文档编辑区中打开该文档，并点击文档编辑区中的 设计 按钮，使用"设计"编辑模式显示"设计"视图，如图 3 - 5 - 8 所示。

图 3 - 5 - 7

（21）点击选中第二行的图片，在代码编辑区找到相应的 HTML 标记，具体代码如下：

```
< img src = " images/04. jpg" width = " 390"
height = "130" / >
```

（22）在上述代码的前后添加 HTML 标记 < marquee >，图片产生滚动效果，具体代码如下：

```
< marquee id = "aa" >
< img src = " images/04. jpg" width = " 390"
height = "130" / >
</ marquee >
```

图 3 - 5 - 8

（23）点击选中第一行的第一张图片，在代码编辑区找到相应的 HTML 代码，具体代码如下：

```
< img src = "images/up. jpg" width = "50" height = "50" / >
```

（24）在上述代码中添加 onclick 事件，令图片向上滚动，具体代码如下：

```
< img src = " images/up. jpg" width = "50" height = "50"
onclick = " aa. direction = 'up'"/ >
```

（25）参考步骤 23、24，点击选中第一行的第二张图片，在代码编辑区的相应 HTML
代码中添加 onclick 事件，令图片向下滚动，具体代码如下：

```
< img src = " images/down. jpg" width = "50" height = "50"
onclick = " aa. direction = 'down'"/ >
```

（26）参考步骤 23、24，点击选中第一行的第三张图片，在代码编辑区的相应 HTML
代码中添加 onclick 事件，令图片向左滚动，具体代码如下：

```
< img src = " images/left. jpg" width = "50" height = "50"
onclick = " aa. direction = 'left'"/ >
```

（27）参考步骤 23、24，点击选中第一行的第四张图片，在代码编辑区的相应 HTML
代码中添加 onclick 事件，令图片向右滚动，具体代码如下：

```
< img src = " images/right. jpg" width = "50" height = "50"
onclick = " aa. direction = 'right' "/ >
```

（28）至此，0305c. html 完成。保存页面，按 F12
浏览页面，显示效果如图 3 – 5 – 9 所示。

（29）双击 0305d. html，在 Dreamweaver 的文档编
辑区中打开该文档，并点击文档编辑区中的 设计 按
钮，使用"设计"编辑模式显示"设计"视图，如图
3 – 5 – 10 所示。

图 3 – 5 – 9

（30）点击选中图片，在代码编辑区找到相应的
HTML 代码，具体代码如下：

```
< img src = " images/04. jpg" width = "390" height
= "130" / >
```

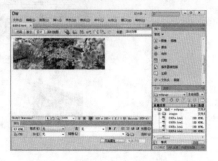

图 3 – 5 – 10

（31）在上述代码的前后添加 HTML 标记 < mar-
quee >，同时添加 onmouseover 和 onmouseout 两个事件，令图片来回滚动，并且当鼠标移
到图片上时滚动停止，当鼠标移到图片外时滚动开始，具体代码如下：

```
< marquee behavior = " alternate" onmouseover = " stop( )" onmouseout = " start( )" >
< img src = " images/04. jpg" width = "390" height = "130" / >
```

</ marquee >

（32）至此，0305d. html 完成。保存页面，按 F12 浏览页面，显示效果如图3 –5 –11所示。

图3 – 5 – 11

（33）至此，本任务完成。

 拓展练习

围绕"端午节"这个主题，根据本任务所学的内容，自行挑选图片，实现与图片相关的 Alpha 滤镜的动态变化效果和 Marquee 滚动效果。

任务6 多媒体的运用

 任务说明

本任务将在页面上显示或播放各种常见的多媒体文件，最终效果如下图所示。

 任务目标

通过本任务的学习，读者能够掌握与多媒体运用有关的 HTML 标记和 Dreamweaver 操作命令。

实训步骤

（1）在 D 盘创建文件夹 website，将文件夹 D：\ website 作为本任务的本地根目录，并以此建立 Dreamweaver 站点 webpage。复制图片素材文件夹 images、网页源文件 0306a 源文件 .html、0306b 源文件 .html 和 0306c 源文件 .html，并将网页源文件重命名为 0306a. html、0306b. html 和 0306c. html。如图 3 - 6 - 1 所示。

（2）双击 0306a. html，在 Dreamweaver 的文档编辑区中打开该文档，并点击文档编辑区中的 设计 按钮，使用"设计"编辑模式显示"设计"视图，如图 3 - 6 - 2 所示。

图 3 - 6 - 1

图 3 - 6 - 2

（3）将光标置于表格内，打开"插入"面板，执行"常用—媒体：SWF"命令，打开"选择 SWF"对话框，选择 media 文件夹下的 SWF 文件 01. swf，如图 3 - 6 - 3 所示。

（4）点击"选择 SWF"对话框的"确定"按钮，在页面中插入 SWF 文件，如图 3 - 6 - 4 所示。

图 3 - 6 - 3

图 3 - 6 - 4

（5）点击选中插入的 SWF 文件，在"属性"面板中，宽度设置为 617，高度设置为 228，Wmode 设置为透明，如图 3 - 6 - 5 所示。

（6）点击文档编辑区的 代码 按钮，切换

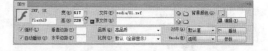

图 3 - 6 - 5

到"代码"视图，在代码编辑区中找到 HTML 标记"< body >"，在此标记的下面添加 HTML 标记"< bgsound >"，设置页面的背景音乐效果，具体代码如下：

```
< body >
< bgsound src = " media/mp3. mp3" / >
```

图 3 - 6 - 6

（7）至此，0306a. html 完成。保存页面，按 F12 浏览页面，显示效果如图 3 - 6 - 6 所示。

（8）双击 0306b. html，在 Dreamweaver 的文档编辑区中打开该文档，并点击文档编辑区中的 设计 按钮，使用"设计"编辑模式显示"设计"视图，如图 3 - 6 - 7 所示。

（9）将光标置于文字内容"播放 FLV"的下面，如图 3 - 6 - 8 所示。

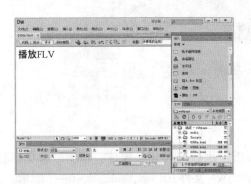

图 3 - 6 - 7

图 3 - 6 - 8

（10）打开"插入"面板，执行"常用—媒体：FLV"命令，打开"插入 FLV"对话框，如图 3 - 6 - 9 所示。

（11）"插入 FLV"对话框的设置。"视频类型"选择"累进式下载视频"，"URL"选择"media/flv. flv"，"外观"选择"Halo Skin 3（最小宽度：280）"，然后点击"检测大小"按钮。如图 3 - 6 - 10 所示。

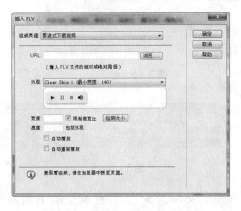

图 3 - 6 - 9

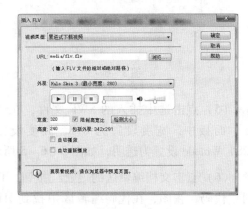

图 3 - 6 - 10

（12）点击"插入 FLV"对话框中的"确定"按钮，插入 FLV 文件，如图 3 - 6 - 11 所示。

（13）至此，0306b. html 完成。保存页面，按 F12 浏览页面，显示效果如图3 - 6 - 12 所示。

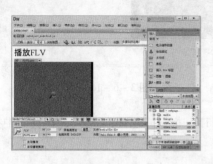

图 3 - 6 - 11

图 3 - 6 - 12

（14）双击 0306c. html，在 Dreamweaver 的文档编辑区中打开该文档，并点击文档编辑区中的 设计 按钮，使用"设计"编辑模式显示"设计"视图，如图 3 - 6 - 13 所示。

（15）将光标置于文字内容"播放 AVI"的下面，如图 3 - 6 - 14 所示。

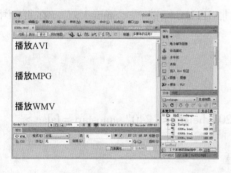

图 3 - 6 - 13

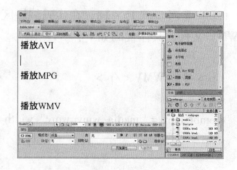

图 3 - 6 - 14

（16）点击文档编辑区的 代码 按钮，切换到"代码"视图，在代码编辑区中添加 HTML 标记"< embed >"，在页面中播放 AVI 文件，具体代码如下：

```
<p>播放 AVI </p>
<p>
< embed src = "media/avi. AVI" width = "320" height = "240" autostart = false >
</p>
```

（17）点击文档编辑区的 设计 按钮，切换到"设计"视图，文档编辑区如图 3 - 6 - 15所示。

（18）保存页面，按 F12 浏览页面，显示效果如图 3 - 6 - 16 所示。

图 3 - 6 - 15   图 3 - 6 - 16

(19) 参考步骤 15 ~ 18，在代码编辑区中添加 HTML 标记 " < embed >"，在页面中播放 MPG 文件，具体代码如下：

< p > 播放 MPG </p >
< p >
< embed src = " media/mpg. mpg" width = "352" height = "288" autostart = false >
</p >

(20) 参考步骤 15 ~ 18，在代码编辑区中添加 HTML 标记 " < embed >"，在页面中播放 WMV 文件，具体代码如下：

< p > 播放 WMV </p >
< p >
< embed src = " media/wmv. wmv" width = "320" height = "240" autostart = false >
</p >

(21) 参考步骤 15 ~ 18，在代码编辑区中添加 HTML 标记 " < embed >"，在页面中播放 MP3 文件，具体代码如下：

< p > 播放 MP3 </p >
< p >
< embed src = " media/mp3. mp3" >
</p >

(22) 参考步骤 15 ~ 18，在代码编辑区中添加 HTML 标记 " < embed >"，在页面中播放 WMA 文件，具体代码如下：

< p > 播放 WMA </p >
< embed src = " media/wma. wma" >

（23）参考步骤 15 ~ 18，在代码编辑区中添加 HTML 标记"＜embed＞"，在页面中播放 SWF 文件，具体代码如下：

＜p＞播放 SWF＜/p＞
＜embed src = "media/swf. swf"＞

（24）至此，0306c. html 完成。保存页面，按 F12 浏览页面，显示效果如图3 - 6 - 17 所示。

（25）至此，本任务完成。

图 3 - 6 - 17

 拓展练习

围绕"端午节"这个主题，根据本任务所学的内容制作一个网页，并在页面中插入多媒体文件。

项目四　表格

项目说明

生活中有很多数据形式的内容需要在页面上展现出来，这时候就可以用表格把这些数据以行和列结构的方式进行组织，使得呈现效果更加直观清楚。本项目将向读者详细介绍表格的有关操作。

专业能力

1. 懂得添加表格的方法
2. 会设置表格的属性，能制作表格常见效果
3. 懂得与表格有关的 HTML 标记和 CSS 应用

方法能力

1. 能熟练地通过 Dreamweaver 的可视化操作在页面上应用表格
2. 能正确利用 HTML 和 CSS 美化表格效果
3. 能对表格应用过程中的错误现象提出解决办法

任务 1　简单表格的制作

任务说明

本任务将制作"课程表"和"李白诗选"两个实例，最终效果如下图所示。

任务目标

通过本任务的学习，读者能够掌握表格的插入、拆分和合并，表格背景颜色和对齐方式的设置。

实训步骤

（1）在 D 盘创建文件夹 website，将文件夹 D：\ website 作为本任务的本地根目录，并以此建立 Dreamweaver 站点 webpage，在站点中新建文件 0401a. html 和 0401b. html，如图 4-1-1 所示。

（2）双击 0401a. html，在 Dreamweaver 的文档编辑区中打开该文档，并点击文档编辑区中的 设计 按钮，使用"设计"编辑模式显示"设计"视图。页面标题设置为"课程表"。如图 4-1-2 所示。

图 4-1-1

图 4-1-2

（3）打开"插入"面板，执行"插入—常用—表格"命令，弹出"表格"对话框，插入一个 9 行 6 列的宽度为 550 像素的表格，单元格边距和间距均设置为 0，如图 4-1-3所示。

（4）点击"表格"对话框的"确定"按钮，文档编辑区如图 4-1-4 所示。

图 4-1-3

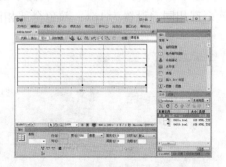

图 4-1-4

（5）选中插入的表格，在"属性"面板中将"对齐"设置为"居中对齐"，将表格在页面居中显示，如图 4 – 1 – 5 所示。

（6）将光标置于表格的第 1 行第 1 列的单元格中，在"属性"面板设置单元格的宽度为 50px，高度为 30px，如图 4 – 1 – 6 所示。

图 4 – 1 – 5　　　　　　　　　　　　图 4 – 1 – 6

（7）参考步骤 6，将第 1 行第 2～6 列的单元格的宽度设置为 100px，将第 1 列第 2～9 行的单元格的高度设置为 30px，如图 4 – 1 – 7 所示。

（8）选中表格第 2、3 行的第 3、4 列的单元格，点击"属性"面板左下角的合并单元格按钮，如图 4 – 1 – 8 所示。

图 4 – 1 – 7　　　　　　　　　　　　图 4 – 1 – 8

（9）参考步骤 8，合并表格的其余单元格，如图 4 – 1 – 9 所示。

（10）新建 CSS 的类". biankuang"，用于设置表格的边框样式。样式全部相同，选择 solid；宽度全部相同，设置为 1px；颜色全部相同，选择"#6C0"。如图 4 – 1 – 10 所示。

图 4 – 1 – 9　　　　　　　　　　　　图 4 – 1 – 10

（11）点击文档编辑区中的 按钮，使用"代码"编辑模式显示"代码"视图，如图4-1-11所示。

（12）选中类".biankuang"的CSS代码，复制粘贴两次并修改，修改后的代码如下所示：

图4-1-11

```
.biankuang {
    border：1px solid #6C0；
}
.biankuang th {
    border：1px solid #6C0；
}
.biankuang td {
    border：1px solid #6C0；
}
```

（13）选中表格，应用类".biankuang"，如图4-1-12所示。

（14）新建CSS的类".color1"，粗细选择"bold"，背景颜色（Background-color）选择"#99F"，如图4-1-13和图4-1-14所示。

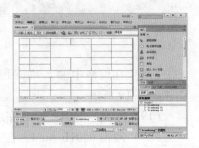

图4-1-12

图4-1-13

图4-1-14

（15）新建CSS的类".color2"，粗细选择"bold"，背景颜色选择"#FCF"，如图4-1-15和图4-1-16所示。

图4-1-15

图4-1-16

（16）选中第 1 列的第 2 ~ 5 行和第 7 ~ 9 行的单元格，应用类".color1"。选中第 1 行的所有单元格，应用类".color2"。如图 4 - 1 - 17 所示。

（17）选中表格的所有单元格，在"属性"面板中设置单元格内容的对齐方式，水平和垂直均居中对齐，如图 4 - 1 - 18 所示。

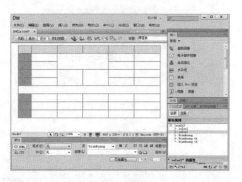
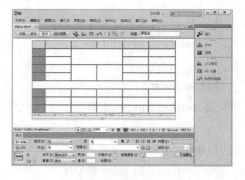

图 4 - 1 - 17　　　　　　　　　　　　　　　图 4 - 1 - 18

（18）在表格中输入"课程表"的文字内容，如图 4 - 1 - 19 所示。

（19）至此，0401a. html 完成。

（20）双击 0401b. html，在 Dreamweaver 的文档编辑区中打开该文档，并点击文档编辑区中的 设计 按钮，使用"设计"编辑模式显示"设计"视图。页面标题设置为"李白诗选"，如图 4 - 1 - 20 所示。

（21）打开"插入"面板，执行"插入—常用—表格"命令，弹出"表格"对话框，插入一个 3 行 3 列的宽度为 690 像素的表格，边框粗细、单元格边距和间距均设置为 0，如图 4 - 1 - 21 所示。

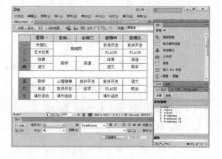

图 4 - 1 - 19

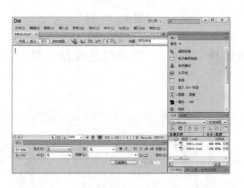

图 4 - 1 - 20　　　　　　　　　　　　　　　图 4 - 1 - 21

（22）点击"表格"对话框的"确定"按钮，在文档编辑区中插入一个表格，并通过

"属性"面板将表格的"对齐"设置为"居中对齐",如图 4 - 1 - 22 所示。

（23）分别合并表格的第 1 行和第 2 行,如图 4 - 1 - 23 所示。

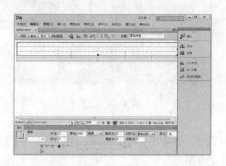

图 4 - 1 - 22   图 4 - 1 - 23

（24）将表格的第 1 行的高度设置为 60px,第 2 行的高度设置为 30px,第 3 行的高度设置为 300px,第 3 行的 3 个单元格的宽度均设置为 230px,如图 4 - 1 - 24 所示。

（25）将第 1 行的单元格内容设置为水平和垂直均居中对齐,第 2 行的单元格内容设置为水平右对齐、垂直居中对齐,第 3 行的 3 个单元格均设置为水平和垂直居中对齐。如图 4 - 1 - 25 所示。

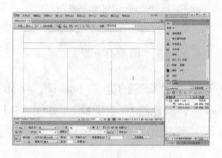

图 4 - 1 - 24   图 4 - 1 - 25

（26）将光标置于第 3 行第 1 列的单元格中,执行"插入—常用—表格"命令,弹出"表格"对话框,插入一个 2 行 1 列的表格,宽度为 70%,边框粗细、单元格边距和单元格间距均设置为 0。如图 4 - 1 - 26 所示。

（27）点击"表格"对话框的"确定"按钮,文档编辑区如图 4 - 1 - 27 所示。

（28）设置步骤 25 所插入的 2 行 1 列的表格格式。将表格第 1 行的高度设置为 30px,单元格内容水平和垂直均居中对齐;第 2 行的高度设置为 200px,单元格内容水平和垂直均居中对齐,如图 4 - 1 - 28 所示。

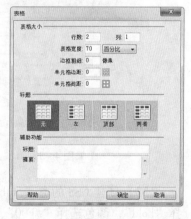

图 4 - 1 - 26

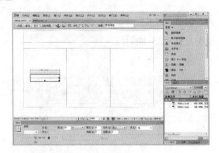

图 4 - 1 - 27

图 4 - 1 - 28

（29）参考步骤 25 ~ 27，在第 3 行的其余两个单元格中插入 2 行 1 列的表格，如图 4 - 1 - 29 所示。

（30）在表格中输入文字内容，如图 4 - 1 - 30 所示。

图 4 - 1 - 29

图 4 - 1 - 30

（31）新建 CSS 的类 ".biaoti"，字体选择 "华文琥珀"，大小选择 "36px"，粗细选择 "bold"，颜色选择 "#F00"，如图 4 - 1 - 31 所示。

（32）选中第 1 行的文字内容 "李白诗选"，应用 CSS 的类 ".biaoti"，如图 4 - 1 - 32 所示。

图 4 - 1 - 31

图 4 - 1 - 32

（33）新建 CSS 的类 ".fubiaoti"，字体选择 "华文楷体"，大小选择 "24px"，粗细选择 "bold"，颜色选择 "#F00"，如图 4 - 1 - 33 所示。

（34）选中第 2 行的文字内容 "——经典诗词鉴赏"，应用 CSS 的类 ".fubiaoti"，如图 4 - 1 - 34 所示。

图 4 – 1 – 33　　　　　　　　　　　　图 4 – 1 – 34

（35）新建 CSS 的类 ".shitimu"，字体选择"宋体"，大小选择"24px"，粗细选择"bold"，颜色选择"#00F"，如图 4 – 1 – 35 所示。

（36）选中第 3 行的诗词的标题，应用 CSS 的类 ".shitimu"，如图 4 – 1 – 36 所示。

图 4 – 1 – 35　　　　　　　　　　　　图 4 – 1 – 36

（37）新建 CSS 的类 ".shici"，字体选择"宋体"，大小选择"18px"，粗细选择"bold"，颜色选择"#000"，如图 4 – 1 – 37 所示。

（38）选中第 3 行的诗词的正文内容，应用 CSS 的类 ".shici"，如图 4 – 1 – 38 所示。

（39）至此，0401b.html 完成。

图 4 – 1 – 37　　　　　　　　　　　　图 4 – 1 – 38

（40）至此，本任务完成。

拓展练习

任意挑选杜甫的四首诗，根据本任务所学的内容制作一个网页，主题为"杜甫诗词鉴赏"。

任务 2　图文表格的制作

任务说明

本任务将制作两个图文混合排版的表格页面，最终效果如下图所示。

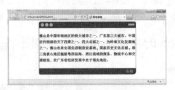

 任务目标

通过本任务的学习，读者能够掌握表格里面的图文混合排版方法。

 实训步骤

（1）在 D 盘创建文件夹 website，将文件夹 D：\ website 作为本任务的本地根目录，并以此建立 Dreamweaver 站点 webpage，在站点中新建文件 0402a. html 和 0402b. html，并将图片素材复制到站点，如图 4－2－1 所示。

（2）双击 0402a. html，在 Dreamweaver 的文档编辑区中打开该文档，并点击文档编辑区中的 设计 按钮，使用"设计"编辑模式显示"设计"视图。页面标题设置为"圆角表格"。如图 4－2－2 所示。

图 4－2－1

图 4－2－2

（3）打开"插入"面板，执行"插入—常用—表格"命令，打开"表格"对话框，插入一个1行3列的表格，记为表格A，表格宽度为500像素，边框粗细、单元格边距、单元格间距均设置为0，如图4-2-3所示。

（4）点击"表格"对话框的"确定"按钮后，文档编辑区如图4-2-4所示。

图4-2-3

图4-2-4

（5）选中表格A，在"属性"面板中设置对齐方式为"居中对齐"；第1列的单元格高度为30px，宽度为81px；第2列的单元格宽度为372px；第3列的单元格宽度为47px。如图4-2-5所示。

（6）打开"插入"面板，执行"插入—常用—图像：图像"命令，分别在第1列和第3列的单元格中插入图片topleft.gif、topright.gif，如图4-2-6所示。

图4-2-5

图4-2-6

（7）新建CSS的类".topbg"，背景图像（Background-image）选择"images/topbg.gif"，如图4-2-7所示。

（8）选中表格A的第2列的单元格，应用CSS类".topbg"，如图4-2-8所示。

图4-2-7

图4-2-8

（9）将光标置于表格 A 的后面，打开"插入"面板，执行"插入—常用—表格"命令，插入一个 1 行 1 列的表格，记为表格 B，宽度为 500 像素，边框粗细、单元格边距均设置为 0，单元格间距设置为 1，如图 4 - 2 - 9 所示。

（10）点击"表格"对话框的"确定"按钮，文档编辑区如图 4 - 2 - 10 所示。

图 4 - 2 - 9   图 4 - 2 - 10

（11）选中表格 B，在"属性"面板中将对齐方式设置为"居中对齐"；将光标置于单元格中，高度为 200px，单元格内容水平左对齐，垂直居中对齐。如图 4 - 2 - 11 所示。

（12）新建 CSS 的类". middlebg"，背景颜色选择"#609"，如图 4 - 2 - 12 所示。

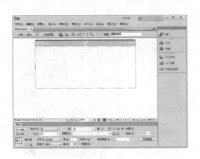

图 4 - 2 - 11   图 4 - 2 - 12

（13）选中表格 B，应用 CSS 的类". middlebg"，如图 4 - 2 - 13 所示。

（14）将光标置于表格 B 的单元格中，"属性"面板的"背景颜色"设置为"#FFFFFF"，如图 4 - 2 - 14 所示。

图 4 - 2 - 13   图 4 - 2 - 14

（15）新建 CSS 的类".wenzi"，大小选择"18px"，粗细选择"bold"，行高选择"30px"，如图 4-2-15 所示。

（16）在表格 B 的单元格中输入文字，并应用 CSS 的类".wenzi"，如图 4-2-16 所示。

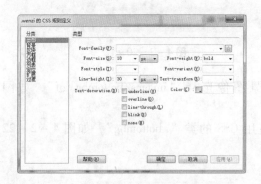

图 4-2-15

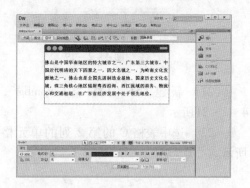

图 4-2-16

（17）将光标置于表格 B 之后，打开"插入"面板，执行"插入—常用—表格"命令，插入一个 1 行 3 列的表格，记为表格 C，宽度为 500 像素，边框粗细、单元格边距和单元格间距均设置为 0，如图 4-2-17 所示。

（18）点击"表格"对话框的"确定"按钮，文档编辑区如图 4-2-18 所示。

图 4-2-17

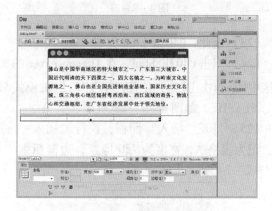

图 4-2-18

（19）选中表格 C，在"属性"面板中将对齐方式设置为"居中对齐"；第 1 列单元格的高度为 30px，宽度为 12px；第 2 列单元格的宽度为 423px；第 3 列单元格的宽度为 65px。如图 4-2-19 所示。

（20）打开"插入"面板，执行"插入—常用—图像：图像"命令，分别在表格 C 的第 1 列和第 3 列的单元格中插入图像 bottomleft. gif、bottomright. gif，如图 4-2-20 所示。

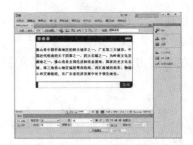

图 4 - 2 - 19　　　　　　　　　　　　图 4 - 2 - 20

（21） 新建 CSS 的类 ". bottombg"，背景图像选择 "images/bottombg. gif"，如图 4 - 2 - 21所示。

（22） 选中表格 C 的第 2 列的单元格，应用 CSS 的类 ". bottombg"，如图 4 - 2 - 22 所示。

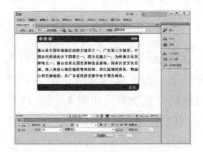

图 4 - 2 - 21　　　　　　　　　　　　图 4 - 2 - 22

（23） 至此，0402a. html 完成。

（24） 双击 0402b. html，在 Dreamweaver 的文档编辑区中打开该文档，并点击文档编辑区中的 设计 按钮，使用 "设计" 编辑模式显示 "设计" 视图。页面标题设置为 "表格与 FLASH"。如图 4 - 2 - 23 所示。

（25） 打开 "插入" 面板，执行 "插入—常用—表格" 命令，插入一个 3 行 2 列的表格，记为表格 A，宽度为 750 像素，边框粗细、单元格边框和单元格间距均设置为 0，如图 4 - 2 - 24 所示。

图 4 - 2 - 23　　　　　　　　　　　　图 4 - 2 - 24

（26）点击"表格"对话框的"确定"按钮，文档编辑区如图4-2-25所示。

（27）选中表格A，在"属性"面板中将对齐方式设置为"居中对齐"；第1行第1列的单元格宽度为550px，高度为300px；第1行第2列的单元格宽度为200px，如图4-2-26所示。

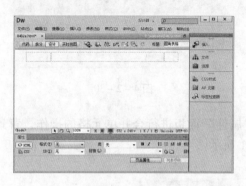

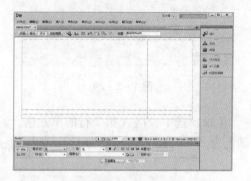

图4-2-25　　　　　　　　　　　　　　图4-2-26

（28）将光标置于第1行第1列的单元格中，打开"插入"面板，执行"插入—常用—媒体：SWF"命令，插入FLASH文件home.swf，如图4-2-27所示。

（29）选中第1行第2列的单元格，单元格内容水平和垂直均居中对齐，背景颜色设置为"#CCCCCC"；将光标置于单元格内，打开"插入"面板，执行"插入—常用—表格"命令，插入一个5行1列的表格，记为表格B，宽度为112像素，单元格间距为5，边框粗细和单元格边距均设置为0，如图4-2-28所示。

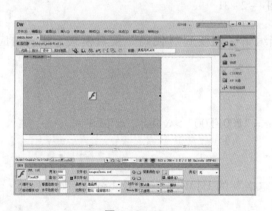

图4-2-27　　　　　　　　　　　　　　图4-2-28

（30）点击"表格"对话框的"确定"按钮，文档编辑区如图4-2-29所示。

（31）利用图片a11.jpg、a12.jpg、a21.jpg、a22.jpg、a31.jpg、a32.jpg、a41.jpg、a42.jpg、a51.jpg、a52.jpg，在5行1列的表格中制作交换图像效果，如图4-2-30所示。

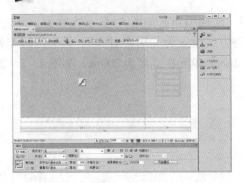

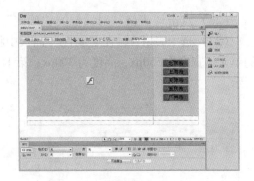

图 4 - 2 - 29　　　　　　　　　　　　　图 4 - 2 - 30

（32）选中表格 A 第 2 行的单元格，通过"属性"面板进行合并单元格的操作，背景颜色为"#00FF00"，高度为 1px，如图 4 - 2 - 31 所示。

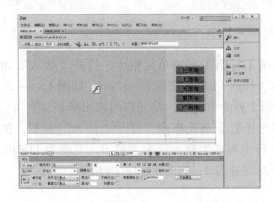

图 4 - 2 - 31

（33）选中表格 A 的第 2 行，将文档编辑区切换到"代码"编辑模式，找到对应的 HTML 标记，如下所示：

```
< tr >
< td height = "1" colspan = "2" bgcolor = "#00FF00" >   </ td >
</ tr >
```

（34）在上述 HTML 标记中，删除"空格"的 HTML 标记" "，如下所示：

```
< tr >
< td height = "1" colspan = "2" bgcolor = "#00FF00" > </ td >
</ tr >
```

（35）将文档编辑区切换到"设计"编辑模式，如图 4 - 2 - 32 所示。

（36）选中表格 A 第 3 行的单元格，通过"属性"面板进行合并单元格的操作，背景颜色为"#CCCCCC"，高度为 50px，如图 4 - 2 - 33 所示。

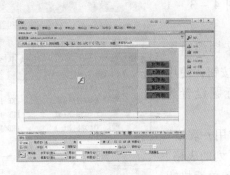
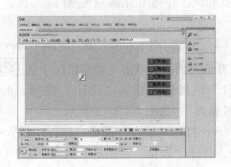

图 4 - 2 - 32   图 4 - 2 - 33

（37）至此，0402b. html 完成。

（38）至此，本任务完成。

拓展练习

围绕"中秋节"这个主题，根据本任务所学的内容制作一个网页，实现在表格里面图文混合排版的效果。

任务 3 新闻页面的表格布局

任务说明

本任务将制作三个新闻页面，最终效果如下图所示。

任务目标

通过本任务的学习，读者能够掌握新闻页面的表格布局方法。

实训步骤

（1）在 D 盘创建文件夹 website，将文件夹 D：\ website 作为本任务的本地根目录，并以此建立 Dreamweaver 站点 webpage，在站点中新建文件 0403. html、0403a. html 和

0403b. html，并将图片素材复制到站点，如图 4 – 3 – 1 所示。

（2）双击 0403. html，在 Dreamweaver 的文档编辑区中打开该文档，并点击文档编辑区中的 设计 按钮，使用"设计"编辑模式显示"设计"视图。页面标题设置为"学校新闻"。如图 4 – 3 – 2 所示。

（3）打开"插入"面板，执行"插入—常用—表格"命令，打开"表格"对话框，插入一个 10 行 3 列的表格，宽度为 600 像素，单元格间距为 5，边框粗细和单元格边距均设置为 0，如图 4 – 3 – 3 所示。

（4）点击"表格"对话框的"确定"按钮插入表格。在文档编辑区选中表格，通过"属性"面板进行如下的设置：①表格的对齐方式为"居中对齐"；②分别合并第 1 行、第 5 行、第 6 行、第 10 行的单元格；③第 2、3、4、7、8、9 行的第 2、3 列单元格的内容水平和垂直均居中对齐，其余单元格的内容水平左对齐和垂直居中对齐；④第 1、6 行的行高为 25px；⑤第 2 行第 1 列的列宽为 400px，第 2 行第 2 列的列宽为 100px，第 2 行第 3 列的列宽为 100px；⑥第 2、3、4、7、8、9 行的行高为 20px。如图 4 – 3 – 4所示。

图 4 – 3 – 1

图 4 – 3 – 2

图 4 – 3 – 3

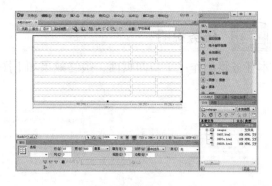

图 4 – 3 – 4

（5）选中第 5 行，将背景颜色设为黑色（#000000），高度设为 1px，文档编辑区切换到"代码"编辑模式，找到该行对应的 HTML 语句，具体如下所示：

```
< tr bgcolor = "#000000" >
< td height = "1" colspan = "3" align = "left" valign = "middle" >  </td >
</tr >
```

（6）删除上述 HTML 语句中的空格标记（ ），文档编辑区切换到"设计"编辑模式，如图 4 - 3 - 5 所示。

（7）选中表格的第 10 行，参考步骤 5、6，完成属性设置和代码修改，如图 4 - 3 - 6 所示。

图 4 - 3 - 5

图 4 - 3 - 6

（8）除第 5、10 行外，其余各行均输入文字内容，并在第 2、7 行的第 1 列的文字后插入图片 new. gif，如图 4 - 3 - 7 所示。

（9）新建 CSS 的类". title1"，字体选择"宋体"，大小选择"16px"，粗细选择"bold"，颜色选择"#000"，如图 4 - 3 - 8 所示。

图 4 - 3 - 7

图 4 - 3 - 8

（10）选中第 1、6 行的文字，应用类". title"，如图 4 - 3 - 9 所示。

（11）新建 CSS 的类". title2"，字体选择"宋体"，大小选择"14px"，如图 4 - 3 - 10 所示。

图 4 - 3 - 9

图 4 - 3 - 10

（12）选中除第 1、6 行之外的文字内容，应用 CSS 的类". title2"，如图 4 – 3 – 11 所示。

（13）选中第 2 行第 1 列的文字内容，在"属性"面板的"链接"项中选择 "0403a. html"，如图 4 – 3 – 12 所示。

图 4 – 3 – 11　　　　　　　　　　　　　图 4 – 3 – 12

（14）选中第 7 行第 1 列的文字内容，在"属性"面板的"链接"项中选择 "0403b. html"，如图 4 – 3 – 13 所示。

（15）点击"属性"面板中的"页面属性"按钮，在弹出的"页面属性"对话框中选择分类"链接（CSS）"，将"链接颜色"和"已访问链接"设为"#000"，"变换图像链接"和"活动链接"设为"#F00"，"下划线样式"选择"始终无下划线"，如图 4 – 3 – 14 所示。

图 4 – 3 – 13　　　　　　　　　　　　　图 4 – 3 – 14

（16）至此，0403. html 完成。

（17）双击 0403a. html，在 Dreamweaver 的文档编辑区中打开该文档，并点击文档编辑区中的　设计　按钮，使用"设计"编辑模式显示"设计"视图。页面标题设置为"华材职校电子专业第二届宽普科技订单班开课"。如图 4 – 3 – 15 所示。

（18）打开"插入"面板，执行"插入—常用—表格"命令，打开"表格"对话框，插入一个 4 行 5 列的表格，表格宽度为 600 像素，边框粗细、单元格边距和单元格间距均设置为 0，如图 4 – 3 – 16 所示。

图 4-3-15

图 4-3-16

（19）点击"表格"对话框中的"确定"按钮，在文档编辑区中插入表格。通过"属性"面板进行如下的设置：①选中表格，"对齐"方式为"居中对齐"；②分别合并第1、3、4 行的单元格；③选中第 1 行的单元格，高度设为 50px，单元格内容水平和垂直均居中对齐；④第 2 行的单元格，高度设为 30px，第 1~5 列的单元格宽度分别是 100px、150px、100px、150px、100px，其中第 2 列单元格的内容水平右对齐、垂直居中对齐，第 4 列单元格的内容水平左对齐、垂直居中对齐；⑤第 4 行的单元格，高度设为 30px，单元格内容水平右对齐、垂直居中对齐。如图 4-3-17 所示。

（20）在表格中输入文字内容，如图 4-3-18 所示。

图 4-3-17

图 4-3-18

（21）新建 CSS 的类".biaoti"，大小选择"24px"，粗细选择"bold"，颜色选择"#000"，如图 4-3-19 所示。

（22）新建 CSS 的类".fubiaoti"，大小选择"12px"，颜色选择"#00F"，如图 4-3-20 所示。

图 4-3-19

图 4-3-20

（23）新建 CSS 的类 ". zhengwen"，大小选择 "14px"，行高选择 "24px"，颜色选择 "#000"，如图 4-3-21 所示。

（24）选择第 1 行的文字内容，应用类 ". biaoti"。选择第 2 行的文字内容，应用类 ". fubiaoti"。选择第 3、4 行的文字内容，应用类 ". zhengwen"。如图 4-3-22 所示。

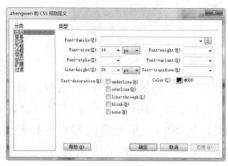

图 4-3-21　　　　　　　　　　　　　　　　　　图 4-3-22

（25）选中第 4 行的文字内容"返回"，在"属性"面板的"链接"项选择 "0403. html"，如图 4-3-23 所示。

（26）点击"属性"面板中的"页面属性"按钮，在弹出的"页面属性"对话框中选择分类"链接（CSS）"，将"链接颜色"和"已访问链接"设为"#000"，"变换图像链接"和"活动链接"设为"#F00"，"下划线样式"选择"始终无下划线"，如图 4-3-24所示。

图 4-3-23　　　　　　　　　　　　　　　　图 4-3-24

（27）至此，0403a. html 完成。

（28）双击 0403b. html，在 Dreamweaver 的文档编辑区中打开该文档，并点击文档编辑区中的 设计 按钮，使用"设计"编辑模式显示"设计"视图。页面标题设置为"'以学生为中心教学法'培训班开班"。如图 4-3-25 所示。

（29）参考步骤 18~28，完成 0403b. html 的制作，如图 4-3-26 所示。

图 4 - 3 - 25

图 4 - 3 - 26

（30）至此，0403b. html 完成。

（31）至此，本任务完成。

 拓展练习

围绕"中秋节"这个主题，根据本任务所学的内容制作网页，包括新闻标题列表页、新闻详细内容页。

任务 4　表格与 CSS

 任务说明

本任务将制作一个背景变色效果的表格，最终效果如下图所示。

 任务目标

通过本任务的学习，读者能够掌握与表格相关的 CSS 代码的编写，熟悉与表格相关的 JavaScript 代码的编写。

实训步骤

（1）在 D 盘创建文件夹 website，将文件夹 D：\ website 作为本任务的本地根目录，并以此建立 Dreamweaver 站点 webpage，在站点中新建文件 0404.html，如图 4 - 4 - 1 所示。

（2）双击 0404.html，在 Dreamweaver 的文档编辑区中打开该文档，并点击文档编辑区中的 设计 按钮，使用"设计"编辑模式显示"设计"视图。页面标题设置为"背景变色效果"。如图 4 - 4 - 2 所示。

图 4 - 4 - 1

图 4 - 4 - 2

（3）打开"插入"面板，执行"插入—常用—表格"命令，打开"表格"对话框，插入一个 10 行 5 列的表格，表格宽度为 560 像素，边框粗细、单元格边距和单元格间距均设置为 0，标题选择"顶部"，如图 4 - 4 - 3 所示。

（4）点击"表格"对话框的"确定"按钮，在文档编辑区中插入表格，通过"属性"面板进行如下的设置：①表格的对齐方式为居中对齐；②每行的行高为 30px，第 1 列的列宽为 80px，第 2 ~ 5 列的列宽为 120px；③全部单元格的内容水平和垂直均居中对齐。如图 4 - 4 - 4 所示。

（5）在表格中输入文字内容，如图 4 - 4 - 5 所示。

图 4 - 4 - 3

图 4 - 4 - 4

图 4 - 4 - 5

（6）文档编辑区切换到"代码"编辑模式，在 HTML 语句" < title > 背景变色效果 </title > "之后添加 CSS 代码，设置表格边框的样式效果，具体代码如下所示：

```
< style type = " text/css " >
```

```
. biankuang{
    border:1px solid #0058a6;                          /* 表格边框 */
}
. biankuang th{
    border:1px solid #0058a6;                          /* 行边框 */
    background-color:#4badff;                           /* 行背景色 */
}
. biankuang td{
    border:1px solid #0058a6;                          /* 单元格边框 */
}
. biankuang tr:hover, . biankuang tr. rowchange{
    background-color:#c4e6ff;                           /* 动态变色 */
}
</style>
```

（7）在 HTML 语句"</table>"之后添加 JavaScript 代码，设置表格边框的变色效果，具体代码如下所示：

```
< script language = "javascript" >
var rows = document. getElementsByTagName('tr') ;
for ( var i = 0;i < rows. length;i + + ){
    rows[i]. onmouseover = function( ){            /*鼠标移入行的时候*/
        this. className + = 'rowchange';
    }

    rows[i]. onmouseout = function( ){             /*鼠标离开行的时候*/
        this. className = this. className. replace('rowchange',") ;
    }
}
</script>
```

（8）文档编辑区切换到"设计"编辑模式，选中表格，应用类". biankuang"，如图4-4-6所示。

（9）至此，本任务完成。

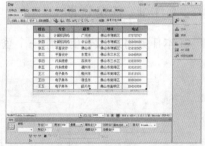

图4-4-6

 拓展练习

根据本任务所学的内容制作背景变色效果的表格，表格内容为家庭成员资料，具体包括姓名、性别、年龄、学历、电话号码等。

项目五 表单与 Spry 组件

项目说明

上网的时候，经常会遇到需要填写登录和注册内容的网页，这些页面就是使用表单或 Spry 组件制作的。表单、Spry 组件的应用能够增强页面的人机交互效果，更好地实现页面之间的数据传递。本项目将向读者详细介绍表单与 Spry 组件的有关操作，制作能够实现交互功能的页面。

专业能力

1. 懂得添加表单和 Spry 组件的方法
2. 会设置表单和 Spry 组件的属性，能制作表单和 Spry 组件常见效果
3. 懂得与表单和 Spry 组件有关的 HTML 标记和 CSS 应用

方法能力

1. 能熟练地通过 Dreamweaver 的可视化操作在页面上应用表单和 Spry 组件
2. 能正确利用 HTML 和 CSS 美化表单和 Spry 组件效果
3. 能对表单和 Spry 组件应用过程中的错误现象提出解决办法

任务 1 表单的运用（登录页面）

任务说明

本任务将运用表单制作一个登录页面，最终效果如下图所示。

任务目标

通过本任务学习，读者能够掌握与表单及表单元素相关的属性、CSS 样式等的设置。

　实训步骤

（1）在 D 盘创建文件夹 website，将文件夹 D：\ website 作为本任务的本地根目录，并以此建立 Dreamweaver 站点 webpage，在站点中新建文件 0501. html，如图 5 - 1 - 1 所示。

（2）双击 0501. html，在 Dreamweaver 的文档编辑区中打开该文档，并点击文档编辑区中的 设计 按钮，使用"设计"编辑模式显示"设计"视图。页面标题设置为"表单的运用（登录页面）"。如图 5 - 1 - 2 所示。

图 5 - 1 - 1

图 5 - 1 - 2

（3）打开"插入"面板，执行"插入—表单—表单"命令，在文档编辑区中插入一个表单（红色虚线框，但在页面浏览器中不会显示出来），如图 5 - 1 - 3 所示。

（4）在标签栏中选中表单的 HTML 标记"< form#form1 >"，"属性"面板如图 5 - 1 - 4 所示。"属性"面板中，"动作"表示提交表单的数据后所要转向的页面，即 action 属性；"目标"表示"动作"所指页面的浏览方式，即 target 属性；"方法"表示表单将数据提交的方法，即 method 属性，分别有 post 和 get 两种方法，默认 get 方法，一般使用 post 方法。

图 5 - 1 - 3

图 5 - 1 - 4

（5）将光标置于表单内（即红色虚线框内），打开"插入"面板，执行"插入—常用—表格"命令，弹出"表格"对话框，插入一个 3 行 2 列的表格，表格宽度为 300 像素，边框粗细和单元格边距均为 0，单元格间距为 10，如图 5 – 1 – 5 所示。

（6）点击"表格"对话框中的"确定"按钮，在文档编辑区中插入一个表格，如图 5 – 1 – 6 所示。

图 5 – 1 – 5   图 5 – 1 – 6

（7）表格的属性设置：①表格在页面中居中对齐；②表格第 1 列的宽度为 80px；③表格每行的高度为 30px；④合并表格第 3 行的两个单元格；⑤第 1 行第 2 列和第 2 行第 2 列的单元格内容水平左对齐，垂直居中对齐，其余单元格均设置为水平和垂直居中对齐。如图 5 – 1 – 7 所示。

（8）新建 CSS 的类".biaoge"，"分类"选择"边框"，然后"Style"选中"全部相同"和"solid"，"Width"选中"全部相同"和"2px"，"Color"选中"全部相同"和"#093"，如图 5 – 1 – 8 所示。

图 5 – 1 – 7   图 5 – 1 – 8

（9）选中表格，应用 CSS 的类".biaoge"，如图 5 – 1 – 9 所示。

（10）在表格的第 1 行第 1 列的单元格输入文字内容"用户名"，第 2 行第 1 列的单元格输入文字内容"密码"，如图 5 – 1 – 10 所示。

图 5 - 1 - 9　　　　　　　　　　　　　　　图 5 - 1 - 10

（11）将光标置于第 1 行第 2 列的单元格内，打开"插入"面板，执行"插入—表单—文本字段"命令，弹出"输入标签辅助功能属性"对话框，在"ID"项中输入"yonghu"，如图 5 - 1 - 11 所示。

（12）点击"输入标签辅助功能属性"对话框中的"确定"按钮，文档编辑区如图 5 - 1 - 12 所示。

图 5 - 1 - 11　　　　　　　　　　　　　　图 5 - 1 - 12

（13）参考步骤 11～12，在第 2 行第 2 列的单元格中插入一个文本字段，在"输入标签辅助功能属性"对话框的"ID"项中输入"mima"；在"属性"面板中，"类型"选择"密码"，如图 5 - 1 - 13 所示。

（14）新建 CSS 的类".ontext"，"分类"选择"类型"，然后"Font-size"选择"16px"，"Color"选择"#900"，如图 5 - 1 - 14 所示。

图 5 - 1 - 13　　　　　　　　　　　　　　图 5 - 1 - 14

（15）紧接步骤 14，"分类"选择"方框"，然后"Width"输入"130"，"Height"输入"20"，如图 5 - 1 - 15 所示。

（16）紧接步骤 15，"分类"选择"边框"，然后"Bottom"项的"Style"设置为"solid"，"Width"设置为"2px"，"Color"设置为"#00F"；另外，"Top""Right"和"Left"项的"Style"均设置为"none"，"Width"和"Color"均不设置。如图 5 - 1 - 16 所示。

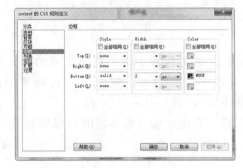

图 5 - 1 - 15　　　　　　　　　　　　　　　　图 5 - 1 - 16

（17）分别选中表格中的文本字段，应用 CSS 的类". ontext"，如图 5 - 1 - 17 所示。

（18）将光标置于第 3 行的单元格内，打开"插入"面板，执行"插入—表单—按钮"命令，插入一个按钮。选中按钮，在"属性"面板中，"值"设置为"登录"，"动作"设置为"提交表单"，如图 5 - 1 - 18 所示。

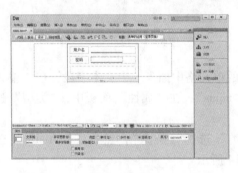

图 5 - 1 - 17　　　　　　　　　　　　　　　　图 5 - 1 - 18

（19）将光标置于"登录"按钮的后面，连续按 3 次空格键，打开"插入"面板，执行"插入—表单—按钮"命令，插入一个按钮。选中按钮，在"属性"面板中，"动作"设置为"重设表单"，如图 5 - 1 - 19 所示。

（20）新建 CSS 的类". anniu"，"分类"选择"类型"，然后"Font-weight"选择"bold"，如图 5 - 1 - 20 所示。

图 5 - 1 - 19

图 5 - 1 - 20

（21）紧接步骤 20，"分类"选择"背景"，然后"Background-color"选择"#CC9"，如图 5 - 1 - 21 所示。

（22）紧接步骤 21，"分类"选择"方框"，"Width"设置为"50px"，"Height"设置为"28px"，如图 5 - 1 - 22 所示。

图 5 - 1 - 21

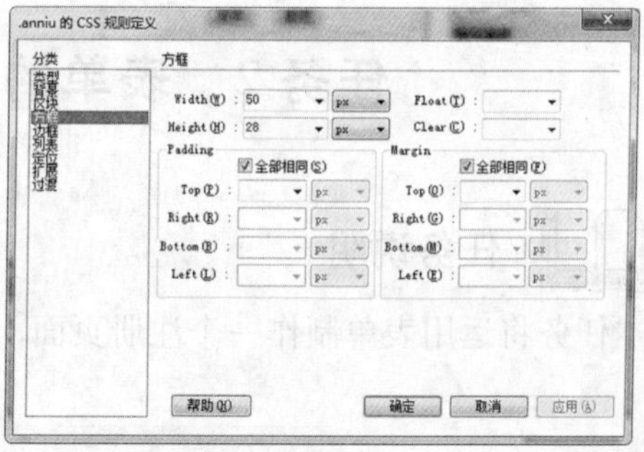

图 5 - 1 - 22

（23）紧接步骤 22，"分类"选择"边框"，然后"Style"选中"全部相同"和"none"，其他不设置，如图 5 - 1 - 23 所示。

（24）分别选中"登录"按钮和"重置"按钮，应用 CSS 的类".anniu"，如图 5 - 1 - 24所示。

图 5 - 1 - 23

图 5 - 1 - 24

（25）保存页面，按 F12 浏览页面，如图 5 - 1 - 25 所示。

图 5 – 1 – 25

（26）至此，本任务完成。

 拓展练习

根据本任务所学的内容制作一个邮箱登录页面，包括邮箱名称、登录密码、验证码三项输入内容，并设置适当的 CSS 效果美化各个表单元素、文字和页面。

任务 2　表单的运用（注册页面）

 任务说明

本任务将运用表单制作一个注册页面，最终效果如下图所示。

 任务目标

通过本任务的学习，读者能够掌握与表单及表单元素相关的属性、CSS 样式等的设置。

实训步骤

（1）在 D 盘创建文件夹 website，将文件夹 D：\ website 作为本任务的本地根目录，并以此建立 Dreamweaver 站点 webpage，复制素材文件夹 images 到站点，并在站点中新建文件 0502. html，如图 5 - 2 - 1 所示。

（2）双击 0502. html，在 Dreamweaver 的文档编辑区中打开该文档，并点击文档编辑区中的 设计 按钮，使用"设计"编辑模式显示"设计"视图。页面标题设置为"表单的运用（注册页面）"。如图 5 - 2 - 2 所示。

图 5 - 2 - 1

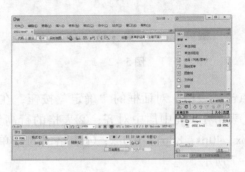

图 5 - 2 - 2

（3）打开"插入"面板，执行"插入—表单—表单"命令，在文档编辑区中插入一个表单（红色虚线框，但在页面浏览器中不会显示出来），如图 5 - 2 - 3 所示。

（4）将光标置于表单内（即红色虚线框内），打开"插入"面板，执行"插入—常用—表格"命令，插入一个 10 行 2 列的表格，记为表格 A，表格宽度为 400 像素，单元格间距设置为 5，边框粗细和单元格边距均设置为 0，如图 5 - 2 - 4 所示。

图 5 - 2 - 3

图 5 - 2 - 4

（5）点击"表格"对话框的"确定"按钮，在文档编辑区中插入表格。设置表格 A 的属性：①表格在页面中居中对齐；②合并第 1 行的两个单元格；③表格的每行的行高为 30px；④第 2 行第 1 列的宽度为 150px，第 2 行第 2 列的宽度为 250px；⑤第 1 行的单元格内容水平和垂直均居中对齐；⑥第 2 ~ 10 行的第 1 列的单元格内容水平和垂直均居中对齐；⑦第 2 ~ 10 行的第 2 列的单元格内容水平左对齐，垂直居中对齐。如图 5 - 2 - 5 所示。

（6）将光标置于表格 A 的后面，再次执行"插入—常用—表格"命令，插入一个 1 行 5 列的表格，记为表格 B，表格宽度为 400 像素，单元格间距设置为 5，边框粗细和单元格边距均设置为 0，如图 5 – 2 – 6 所示。

图 5 – 2 – 5   图 5 – 2 – 6

（7）点击"表格"对话框的"确定"按钮，在文档编辑区中插入表格。设置表格 B 的属性：①表格在页面中居中对齐；②表格的行高为 30px；③表格的 5 列的列宽依次是 100px、80px、40px、80px、100px；④表格的 5 个单元格的内容水平和垂直均居中对齐。如图 5 – 2 – 7 所示。

（8）在表格 A 中输入文字内容，如图 5 – 2 – 8 所示。

图 5 – 2 – 7   图 5 – 2 – 8

（9）新建 CSS 的类". biaoti"，"Font-size"设置为"18px"，"Font-weight"设置为"bold"，如图 5 – 2 – 9 所示。

（10）选中表格 A 的第 1 行的标题文字内容"会员注册"，应用 CSS 的类". biaoti"，如图 5 – 2 – 10 所示。

图 5 – 2 – 9   图 5 – 2 – 10

（11）将光标置于表格 A 的第 2 行第 2 列的单元格，执行"插入—表单—文本字段"命令，插入一个文本字段，"ID"项设置为"yonghu"，"类型"选择"单行"，如图 5 - 2 - 11 所示。

（12）将光标置于表格 A 的第 3 行第 2 列的单元格，执行"插入—表单—文本字段"命令，插入一个文本字段，"ID"项设置为"mima"，"类型"选择"密码"，如图 5 - 2 - 12 所示。

图 5 - 2 - 11　　　　　　　　　　　　　　图 5 - 2 - 12

（13）将光标置于表格 A 的第 4 行第 2 列的单元格，执行"插入—表单—文本字段"命令，插入一个文本字段，"ID"项设置为"mima2"，"类型"选择"密码"，如图 5 - 2 - 13 所示。

（14）将光标置于表格 A 的第 5 行第 2 列的单元格，执行"插入—表单—文本字段"命令，插入一个文本字段，"ID"项设置为"email"，"类型"选择"单行"，如图 5 - 2 - 14 所示。

图 5 - 2 - 13　　　　　　　　　　　　　　图 5 - 2 - 14

（15）将光标置于表格 A 的第 6 行第 2 列的单元格，执行"插入—表单—单选按钮"命令，插入一个单选按钮，"ID"项设置为"xb"，"选定值"设置为"男"，并在单选按钮的后面添加文字内容"男"，如图 5 - 2 - 15 所示。

（16）将光标置于文字内容"男"的后面，连续按 5 次空格键，参考步骤 15，执行"插入—表单—单选按钮"命令，插入一个单选按钮，"ID"项设置为"xb"，"选定值"

设置为"女"，并在单选按钮的后面添加文字内容"女"，如图5-2-16所示。

图5-2-15   图5-2-16

（17）将光标置于表格A的第7行第2列的单元格，执行"插入—表单—选择（列表/菜单）"命令，插入一个菜单，"ID"项设置为"xueli"，"类型"设置为"菜单"，"列表值"依次设置为"请选择""初中"（值：初中）、"高中"（值：高中）、"大学"（值：大学），如图5-2-17所示。

（18）将光标置于表格A的第8行第2列的单元格，执行"插入—表单—复选框"命令，插入一个复选框，"选定值"设置为"体育"，并在复选框的后面添加文字内容"体育"，如图5-2-18所示。

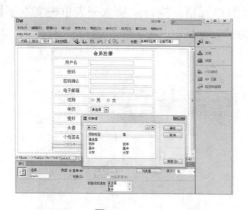 

图5-2-17   图5-2-18

（19）将光标置于文字内容"体育"的后面，参考步骤18，分别执行3次"插入—表单—复选框"命令，插入3个复选框，"选定值"分别设置为"旅游"（复选框后面添加文字内容"旅游"）、"音乐"（复选框后面添加文字内容"音乐"）、"文学"（复选框后面添加文字内容"文学"），如图5-2-19所示。

（20）将光标置于表格A的第9行第2列的单元格，执行"插入—表单—文件域"命令，插入一个文件域，如图5-2-20所示。

图 5 - 2 - 19

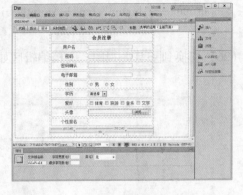

图 5 - 2 - 20

（21）将光标置于表格 A 的第 10 行第 2 列的单元格，执行"插入—表单—文本区域"命令，插入一个文本区域，"ID"设置为"qianming"，"字符宽度"设置为"35"，"行数"设置为"5"，"类型"设置为"多行"，如图 5 - 2 - 21 所示。

（22）将光标置于表格 B 的第 2 列的单元格，执行"插入—表单—图像域"命令，选择 images 文件夹中的图片素材 zhuce. jpg，插入一个图像域（图像域与提交按钮的作用相同），如图 5 - 2 - 22 所示。

图 5 - 2 - 21

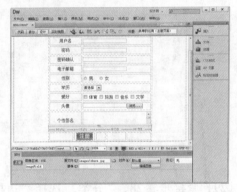

图 5 - 2 - 22

（23）将光标置于表格 B 的第 4 列的单元格，执行"插入—表单—按钮"命令，插入一个按钮。在"属性"面板中，删除"值"的内容，"动作"选择"重设表单"，如图 5 - 2 - 23所示。

（24）选中步骤 23 所插入的按钮，切换到 代码 视图，该按钮对应的 HTML 代码如下所示：

```
< input name = " button"  type = " reset"  id = " button"  / >
```

（25）在步骤 24 所示的代码中添加"value"属性，具体代码如下所示：

<input name = "button" type = "reset"   id = "button" value = " "/ >

（26）切换到 设计 视图，文档编辑区如图 5 - 2 - 24 所示。

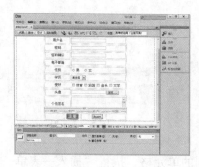 

图 5 - 2 - 23   图 5 - 2 - 24

（27）新建 CSS 的类 ".chongzhi"，"分类"选择"背景"，"Background-image"选择 "images/chongzhi.jpg"，如图 5 - 2 - 25 所示。

（28）紧接步骤 27，"分类"选择"方框"，"Width"设置为"60px"，"Height"设置为"28px"，如图 5 - 2 - 26 所示。

图 5 - 2 - 25   图 5 - 2 - 26

（29）紧接步骤 28，"分类"选择"边框"，"Style"选中"全部相同"和"none"，如图 5 - 2 - 27 所示。

（30）选中步骤 23 所插入的按钮，应用 CSS 的类 ".chongzhi"，如图 5 - 2 - 28 所示。

图 5 - 2 - 27   图 5 - 2 - 28

（31）保存页面，按 F12 浏览页面，如图 5 – 2 – 29 所示。

图 5 – 2 – 29

（32）至此，本任务完成。

 拓展练习

根据本任务所学的内容制作一个邮箱注册页面，要求包括学到的全部表单元素，并设置适当的 CSS 效果美化表单元素、文字和页面。

任务 3　Spry 组件的运用（登录页面）

 任务说明

本任务将运用 Spry 组件制作一个登录页面，最终效果如下图所示。

 任务目标

通过本任务的学习，读者能够掌握与 Spry 组件相关的属性等的设置。

实训步骤

（1）在 D 盘创建文件夹 website，将文件夹 D：\ website 作为本任务的本地根目录，并以此建立 Dreamweaver 站点 webpage，在站点中新建文件 0503.html，如图 5 - 3 - 1 所示。

（2）双击 0503.html，在 Dreamweaver 的文档编辑区中打开该文档，并点击文档编辑区中的 设计 按钮，使用"设计"编辑模式显示"设计"视图。页面标题设置为"Spry 组件的运用（登录页面）"。如图 5 - 3 - 2 所示。

图 5 - 3 - 1

图 5 - 3 - 2

（3）打开"插入"面板，执行"插入—表单—表单"命令，在文档编辑区中插入一个表单（红色虚线框，但在页面浏览器中不会显示出来），如图 5 - 3 - 3 所示。

（4）将光标置于表单内（即红色虚线框内），打开"插入"面板，执行"插入—常用—表格"命令，插入一个 3 行 2 列的表格，表格宽度为 450 像素，单元格间距设置为 10，边框粗细和单元格边距均设置为 0，如图 5 - 3 - 4 所示。

图 5 - 3 - 3

图 5 - 3 - 4

（5）点击"表格"对话框的"确定"按钮，在文档编辑区中插入表格。设置表格的属性：①表格在页面中居中对齐；②合并第 3 行的两个单元格；③表格的每行的行高为 30px；④第 1 行第 1 列的宽度为 80px；⑤第 1、2 行的第 1 列的单元格内容水平和垂直均居中对齐；⑥第 1、2 行的第 2 列的单元格内容水平左对齐、垂直居中对齐。如图 5 – 3 – 5 所示。

（6）在表格第 1 行第 1 列的单元格输入文字内容"用户名"，第 2 行第 1 列的单元格输入文字内容"密码"，如图 5 – 3 – 6 所示。

图 5 – 3 – 5   图 5 – 3 – 6

（7）将光标置于第 1 行第 2 列的单元格中，打开"插入"面板，执行"插入—表单—Spry 验证文本域"命令（或"插入—Spry—Spry 验证文本域"命令），插入一个 Spry 验证文本域，在"属性"面板中勾选"必需的"，"预览状态"选择"初始"，如图 5 – 3 – 7 所示。

图 5 – 3 – 7

（8）在文档编辑区的状态栏选中"<input#text1>"，显示文本域 text1 的"属性"面板，如图 5 – 3 – 8 所示。

（9）在文档编辑区的状态栏选中"<span#sprytextfield1>"，显示 Spry 文本域 sprytext-field1 的"属性"面板，如图 5 – 3 – 9 所示。

图 5 – 3 – 8   图 5 – 3 – 9

（10）在文档编辑区的状态栏选中"<span#sprytextfield1>"，点击 代码 按钮，切换到"代码"视图，可以看到以下代码被选中：

```
< span id = "sprytextfield1" >
< label for = "text1" > < /label >
< input type = "text" name = "text1" id = "text1" / >
< span class = "textfieldRequiredMsg" > 需要提供一个值。 < /span >
< /span >
```

（11）更改步骤 10 的错误信息提示内容，具体如下所示：

```
< span id = "sprytextfield1" >
< label for = "text1" > < /label >
< input type = "text" name = "text1" id = "text1" / >
< span class = "textfieldRequiredMsg" > 请输入用户名 < /span >
< /span >
```

（12）点击 设计 按钮，切换到"设计"视图，将光标置于表格第 2 行第 2 列的单元格中，打开"插入"面板，执行"插入—表单—Spry 验证密码"命令，插入一个 Spry 验证密码，在"属性"面板中勾选"必填"，"预览状态"选择"初始"，如图 5 - 3 - 10 所示。

图 5 - 3 - 10

（13）在文档编辑区的状态栏选中"< span#sprypassword1 >"，点击 代码 按钮，切换到"代码"视图，可以看到以下代码被选中。

```
< span id = "sprypassword1" >
< label for = "password1" > < /label >
< input type = "password" name = "password1" id = "password1" / >
< span class = "passwordRequiredMsg" > 需要输入一个值。 < /span >
< /span >
```

（14）更改步骤 13 的错误信息提示内容，具体如下所示：

```
< span id = " sprypassword1" >
< label for = " password1" > < /label >
< input type = " password" name = " password1" id = " password1" / >
< span class = " passwordRequiredMsg" > 请输入密码 < /span >
< /span >
```

（15）点击 设计 按钮，切换到"设计"视图，将光标置于表格的第 3 行的单元格中，打开"插入"面板，执行"插入—表单—按钮"命令，插入一个按钮，"值"设置为"登录"，"动作"设置为"提交表单"，如图 5 – 3 – 11 所示。

（16）将光标置于"登录"按钮之后，连续按 3 次空格键。然后执行"插入—表单—按钮"命令，插入一个按钮，"值"设置为"重置"，"动作"设置为"重设表单"，如图 5 – 3 – 12 所示。

图 5 – 3 – 11　　　　　　　　　　　图 5 – 3 – 12

（17）保存页面，弹出"复制相关文件"对话框，如图 5 – 3 – 13 所示，点击"确定"按钮。

（18）按 F12 浏览页面，如图 5 – 3 – 14 所示。

图 5 – 3 – 13　　　　　　　　　图 5 – 3 – 14

（19）如果没有输入用户名和密码，点击"登录"按钮，则页面如图 5 – 3 – 15 所示。

图 5 – 3 – 15

（20）至此，本任务完成。

拓展练习

根据本任务所学的内容制作一个邮箱登录页面，包括邮箱名称、登录密码、验证码三项输入内容，添加相应的错误提示文字，并设置适当的 CSS 效果美化各个表单元素、文字和页面。

任务 4　Spry 组件的运用（注册页面）

任务说明

本任务将运用 Spry 组件制作一个注册页面，最终效果如下图所示。

任务目标

通过本任务的学习，读者能够掌握与 Spry 组件相关的属性等的设置。

实训步骤

（1）在 D 盘创建文件夹 website，将文件夹 D：\ website 作为本任务的本地根目录，并以此建立 Dreamweaver 站点 webpage，在站点中新建文件 0504. html，如图 5 – 4 – 1 所示。

（2）双击 0504. html，在 Dreamweaver 的文档编辑区中打开该文档，并点击文档编辑区中的 设计 按钮，使用"设计"编辑模式显示"设计"视图。页面标题设置为"Spry 组件的运用（注册页面）"。如图 5 – 4 – 2 所示。

　　　　图 5 - 4 - 1

　　　　图 5 - 4 - 2

　　（3）打开"插入"面板，执行"插入—表单—表单"命令，在文档编辑区中插入一个表单（红色虚线框，但在页面浏览器中不会显示出来），如图 5 - 4 - 3 所示。

　　（4）将光标置于表单内（即红色虚线框内），打开"插入"面板，执行"插入—常用—表格"命令，插入一个 5 行 1 列的表格，记为表格 A，表格宽度为 500 像素，单元格间距设置为 3，边框粗细和单元格边距均设置为 0，如图 5 - 4 - 4 所示。

　　　　图 5 - 4 - 3

　　　　图 5 - 4 - 4

　　（5）点击"表格"对话框的"确定"按钮，在文档编辑区中插入表格 A。设置表格 A 的属性：①表格在页面中居中对齐；②第 1 行和第 5 行的行高为 30px；③第 1 行和第 5 行的单元格内容水平和垂直均居中对齐；④第 2、3、4 行的单元格内容水平左对齐，垂直居中对齐。如图 5 - 4 - 5 所示。

　　（6）在表格 A 的第 1 行输入文字内容"会员注册"，如图 5 - 4 - 6 所示。

　　　　图 5 - 4 - 5

　　　　图 5 - 4 - 6

（7）将光标置于表格 A 的第 2 行，打开"插入"面板，执行"插入—Spry—Spry 可折叠面板"命令，插入一个 Spry 可折叠面板 CollapsiblePanel1，在"属性"面板中"显示"选择"打开"，"默认状态"选择"打开"，勾选"启用动画"，如图 5 - 4 - 7 所示。

（8）选中 Spry 可折叠面板中的文字内容"标签"，更改为"基本资料一"。

（9）选中文字内容"基本资料一"，在"属性"面板中切换到"CSS"模式，将"大小"设置为"16px"，如图 5 - 4 - 8 所示。

图 5 - 4 - 7　　　　　　　　　　　　　图 5 - 4 - 8

（10）将光标置于 Spry 可折叠面板的文字内容"内容"之后，打开"插入"面板，执行"插入—常用—表格"命令，插入一个 3 行 2 列的表格，记为表格 B。表格宽度为 98%，单元格间距为 10，边框粗细和单元格边距均设置为 0，如图 5 - 4 - 9 所示。

（11）点击"表格"对话框的"确定"按钮，在文档编辑区中插入表格 B，并删除表格之前的文字内容"内容"，如图 5 - 4 - 10 所示。

 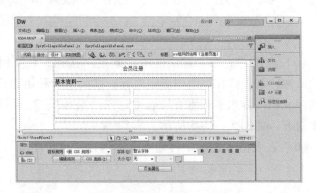

图 5 - 4 - 9　　　　　　　　　　　　　图 5 - 4 - 10

（12）设置表格 B 的属性：①表格每行的行高均为 30px；②第 1 行第 1 列的宽度为 80px；③第 1 列的单元格内容水平和垂直均居中对齐；④第 2 列的单元格内容水平左对齐、垂直居中对齐。如图 5 - 4 - 11 所示。

（13）在表格 B 的每行的第 1 列依次输入文字内容"用户名""密码""确认密码"，如图 5 - 4 - 12 所示。

图 5 - 4 - 11

图 5 - 4 - 12

（14）将光标置于表格 B 的第 1 行第 2 列的单元格内，执行"插入—Spry—Spry 验证文本域"命令，插入一个 Spry 验证文本域 sprytextfield1，在"属性"面板中勾选"必需的"，"预览状态"选择"初始"，如图 5 - 4 - 13 所示。

（15）将光标置于表格 B 的第 2 行第 2 列的单元格内，执行"插入—Spry—Spry 验证密码"命令，插入一个 Spry 验证密码 sprypassword1，在"属性"面板中勾选"必填"，"最小字符数"设置为"8"，"最大字符数"设置为"16"，"预览状态"选择"初始"，如图 5 - 4 - 14 所示。

图 5 - 4 - 13

图 5 - 4 - 14

（16）修改 Spry 验证密码 sprypassword1 的错误信息提示内容如下：

```
< span class = "passwordMinCharsMsg" >字符数不能小于 8 个</span >
< span class = "passwordMaxCharsMsg" >字符数不能超过 16 个</span >
< span class = "passwordRequiredMsg" >需要输入一个值。</span >
```

（17）将光标置于表格 B 的第 3 行第 2 列的单元格内，执行"插入—Spry—Spry 验证确认"命令，插入一个 Spry 验证确认 spryconfirm1，在"属性"面板中勾选"必填"，"预览状态"选择"初始"，"验证参照对象"选择""password1"在表单"form1""，如图 5 - 4 - 15 所示。

图 5 - 4 - 15

（18）修改 Spry 验证确认 spryconfirm1 的错误信息提示内容如下：

< span class = "confirmRequiredMsg" > 请再一次输入密码 </span >
< span class = "confirmInvalidMsg" > 输入的密码不一致 </span > </span >

（19）将光标置于表格 A 的第 3 行的单元格，打开"插入"面板，执行"插入—Spry—Spry 可折叠面板"命令，插入一个 Spry 可折叠面板 CollapsiblePanel2，如图 5 - 4 - 16所示。

（20）参考步骤 8 ~ 13，修改 Spry 可折叠面板 CollapsiblePanel2，并插入一个 3 行 2 列的表格（记为表格 C），同时在表格中输入相应的文字内容，如图 5 - 4 - 17 所示。

图 5 - 4 - 16　　　　　　　　　　　图 5 - 4 - 17

（21）将光标置于表格 C 的第 1 行第 2 列的单元格内，执行"插入—Spry—Spry 验证文本域"命令，插入一个 Spry 验证文本域 sprytextfield2，在"属性"面板中勾选"必需的"，"类型"选择"整数"，"预览状态"选择"初始"，"最小值"输入"0"，"最大值"输入"150"，如图 5 - 4 - 18 所示。

图 5 - 4 - 18

（22）修改 Spry 验证文本域 sprytextfield2 的错误信息提示内容如下：

< span class = "textfieldRequiredMsg" > 请输入 0 ~ 150 之间的整数 </span >
< span class = "textfieldInvalidFormatMsg" > 格式无效。 </span >
< span class = "textfieldMinValueMsg" > 输入的整数不能少于 0 </span >
< span class = "textfieldMaxValueMsg" > 输入的整数不能超过 150 </span >

（23）将光标置于表格 C 的第 2 行第 2 列的单元格内，执行"插入—Spry—Spry 验证文本域"命令，插入一个 Spry 验证文本域 sprytextfield3，在"属性"面板中勾选"必需的"，"类型"选择"日期"，"格式"选择"yyyy - mm - dd"，"预览状态"选择"初

始"，如图 5 - 4 - 19 所示。

（24）修改 Spry 验证文本域 sprytextfield3 的错误信息提示内容如下：

图 5 - 4 - 19

```
< span class = "textfieldRequiredMsg" > 请输入日期 </span >
< span class = "textfieldInvalidFormatMsg" >
请输入正确的格式 YYYY-MM-DD
</span >
```

（25）将光标置于表格 C 的第 3 行第 2 列的单元格内，执行"插入—Spry—Spry 验证单选按钮组"命令，插入一个 Spry 验证单选按钮组 spryradio1，在"属性"面板中勾选"必填"，"预览状态"选择"初始"，如图 5 - 4 - 20 所示。

图 5 - 4 - 20

（26）修改 Spry 验证单选按钮组 spryradio1 的错误信息提示内容，同时删除 HTML 语句" < span class = "radioRequiredMsg" > "之前的换行标记" < br / > "，具体代码如下：

```
< span class = "radioRequiredMsg" > 请选择性别 </span >
```

（27）选中 Spry 可折叠面板 CollapsiblePanel2，在"属性"面板中"显示"选择"已关闭"，"默认状态"选择"已关闭"，勾选"启用动画"，如图 5 - 4 - 21 所示。

（28）将光标置于表格 A 的第 4 行的单元格，打开"插入"面板，执行"插入—Spry—Spry 可折叠面板"命令，插入一个 Spry 可折叠面板 CollapsiblePanel3，如图 5 - 4 - 22 所示。

图 5 - 4 - 21

图 5 - 4 - 22

（29）参考步骤 8 ~ 13，修改 Spry 可折叠面板 CollapsiblePanel3，并插入一个 4 行 2 列的表格（记为表格 D），同时在表格中输入相应的文字内容，如图 5 - 4 - 23 所示。

（30）将光标置于表格 D 的第 1 行第 2 列的单元格内，执行"插入—Spry—Spry 验证文本域"命令，插入一个 Spry 验证文本域 sprytextfield4，在"属性"面板中

图 5 - 4 - 23

勾选"必需的", "类型"选择"电子邮件地址", "预览状态"选择"初始", 如图5－4－24所示。

图 5－4－24

（31）修改 Spry 验证文本域 sprytextfield4 的错误信息提示内容如下：

< span class = "textfieldRequiredMsg" > 请输入电子邮件 < /span >

< span class = "textfieldInvalidFormatMsg" > 电子邮件的格式不正确 < /span >

（32）将光标置于表格 D 的第 2 行第 2 列的单元格内，执行"插入—Spry—Spry 验证选择"命令，插入一个 Spry 验证选择 spryselect1，在"属性"面板中"不允许"勾选"空值"，"预览状态"选择"初始"，如图 5－4－25 所示。

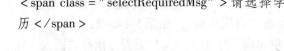

图 5－4－25

（33）选中 Spry 验证选择 spryselect1 内的表单元素"选择（列表/菜单）"，在"属性"面板中"类型"选择"菜单"，"列表值"的"项目标签"分别设置为"请选择""初中"（值：初中）、"高中"（值：高中）、"大学"（值：大学），如图 5－4－26 所示。

（34）修改 Spry 验证选择 spryselect1 的错误信息提示内容如下：

< span class = "selectRequiredMsg" > 请选择学历 < /span >

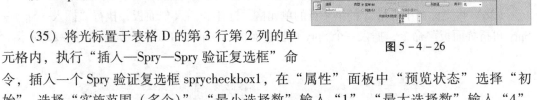

图 5－4－26

（35）将光标置于表格 D 的第 3 行第 2 列的单元格内，执行"插入—Spry—Spry 验证复选框"命令，插入一个 Spry 验证复选框 sprycheckbox1，在"属性"面板中"预览状态"选择"初始"，选择"实施范围（多个）"，"最小选择数"输入"1"，"最大选择数"输入"4"，如图5－4－27所示。

（36）将光标置于 Spry 验证复选框 sprycheckbox1 的蓝色实线框内，设置 4 个复选框选项，如图 5－4－28 所示。

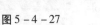

图 5－4－27

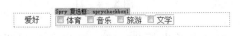

图 5－4－28

（37）修改 Spry 验证复选框 sprycheckbox1 的错误信息提示内容如下：

< span class = "checkboxMinSelectionsMsg" > 请选择至少一项 < /span >

< span class = "checkboxMaxSelectionsMsg" > 不能选择超过四项 < /span >

（38）将光标置于表格 D 的第 4 行第 2 列的单元格内，执行"插入—Spry—Spry 验证文本区域"命令，插入一个 Spry 验证文本区域 sprytextarea1，在"属性"面板中"预览状态"选择"初始"，勾选"必需的"，如图 5 - 4 - 29 所示。

（39）选中 Spry 验证文本区域 sprytextarea1 内的表单元素"文本区域"，在"属性"面板中"字符宽度"输入"30"，"行数"输入"5"，如图 5 - 4 - 30 所示。

 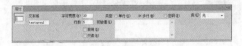

图 5 - 4 - 29　　　　　　　　　　　　　　　图 5 - 4 - 30

（40）修改 Spry 验证文本区域 sprytextarea1 的错误信息提示内容如下：

< span class = " textareaRequiredMsg" > 请输入内容 </span >

（41）选中 Spry 可折叠面板 CollapsiblePanel3，在"属性"面板中"显示"选择"已关闭"，"默认状态"选择"已关闭"，勾选"启用动画"，如图 5 - 4 - 31 所示。

（42）将光标置于表格 A 的第 5 行的单元格中，打开"插入"面板，执行"插入—表单—按钮"命令，插入一个按钮，"值"设置为"注册"，"动作"设置为"提交表单"，如图 5 - 4 - 32 所示。

图 5 - 4 - 31　　　　　　　　　　　　　　　图 5 - 4 - 32

（43）将光标置于"注册"按钮之后，连续按 3 次空格键。然后执行"插入—表单—按钮"命令，插入一个按钮，"值"设置为"重置"，"动作"设置为"重设表单"，如图 5 - 4 - 33 所示。

（44）保存页面，按 F12 浏览页面，如图 5 - 4 - 34 所示。

图 5 – 4 – 33　　　　　　　　　　图 5 – 4 – 34

（45）如果没有输入任何内容，点击"注册"按钮，则页面如图 5 – 4 – 35 所示。

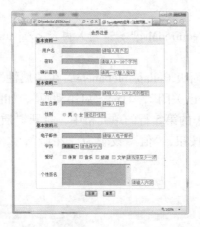

图 5 – 4 – 35

（46）至此，本任务完成。

 拓展练习

根据本任务所学的内容制作一个邮箱注册页面，要求包括学到的全部表单元素，并设置适当的 CSS 效果美化表单、文字和页面。

项目六　层与框架

 项目说明

层，即页面中的绝对定位元素 AP Div，用来控制网页元素与浏览器窗口之间的位置，层内可以插入文本、图像等网页元素。框架，以及浮动框架 iframe，能够将一个浏览器窗口划分为若干个子窗口，每个子窗口中可以显示不同的页面文件内容。本项目将向读者详细介绍层与框架（浮动框架）的有关操作。

 专业能力

1. 懂得添加层的方法
2. 会设置层的属性，能制作层的常见效果
3. 懂得创建框架和浮动框架的方法
4. 会设置框架和浮动框架的属性，能制作框架和浮动框架的常见效果
5. 懂得与框架和浮动框架有关的 HTML 标记

 方法能力

1. 能熟练地通过 Dreamweaver 的可视化操作在页面上应用层、框架、浮动框架
2. 能对层、框架和浮动框架应用过程中的错误现象提出解决办法

任务 1　层的运用（显示—隐藏元素）

 任务说明

本任务将通过"显示—隐藏元素"行为制作图片的显示和隐藏互相变换的效果，最终效果如下图所示。

任务目标

通过本任务的学习，读者能够掌握层的插入、层的属性设置，以及"显示—隐藏元素"行为的使用。

实训步骤

（1）在 D 盘创建文件夹 website，将文件夹 D：\ website 作为本任务的本地根目录，并以此建立 Dreamweaver 站点 webpage，在站点中新建文件 0601. html，并将图片素材复制到站点，如图 6 - 1 - 1 所示。

（2）双击 0601. html，在 Dreamweaver 的文档编辑区中打开该文档，并点击文档编辑区中的 设计 按钮，使用"设计"编辑模式显示"设计"视图。页面标题设置为"层的运用（显示—隐藏元素）"。如图 6 - 1 - 2 所示。

图 6 - 1 - 1

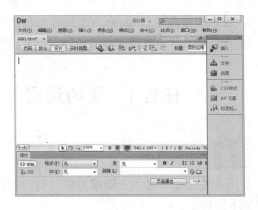

图 6 - 1 - 2

（3）在"插入"面板中，执行"常用—图像"命令，如图 6 - 1 - 3 所示。打开"选择图像源文件"对话框，选中 images 文件夹里面的图像 dujuanhua02. jpg，如图 6 - 1 - 4 所示，然后点击"确定"按钮。"替换文本"输入文字内容"杜鹃花"，如图 6 - 1 - 5 所示，然后点击"确定"按钮。在文档编辑区的"设计"视图中的效果如图 6 - 1 - 6 所示。

图 6 - 1 - 3

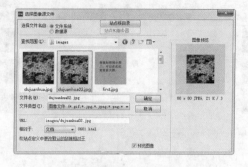

图 6 - 1 - 4

图 6 - 1 - 5

图 6 - 1 - 6

（4）按回车键（Enter 键），参考步骤 3，继续插入图像 taohua02. jpg（替换文本：桃花）和 yinghua02. jpg（替换文本：樱花），如图 6 - 1 - 7 所示。

（5）在"插入"面板中，执行"布局—绘制 AP Div"命令，如图 6 - 1 - 8 所示。

图 6 - 1 - 7

图 6 - 1 - 8

（6）在"设计"视图中拖动鼠标，绘制 AP Div，如图 6 - 1 - 9 所示。

（7）选中步骤 6 绘制的 AP Div，"属性"面板如图 6 - 1 - 10 所示。

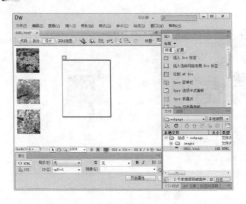

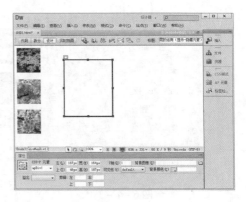

图6-1-9   图6-1-10

（8）"属性"面板的设置。左侧的"apDiv1"表示 AP Div 的名称，这里为默认值。"左"和"上"表示 AP Div 的位置，这里设置为"左"150px，"上"10px。"宽"和"高"表示 AP Div 的大小，这里设置为"宽"450px，"高"450px。"Z 轴"表示 AP Div 的层叠次序，数字越大表示位置越前，这里为默认值。"可见性"表示 AP Div 是否可见，这里为默认值。"属性"面板如图6-1-11所示，文档编辑区的"设计"视图如图6-1-12所示。

图6-1-11

（9）将光标置于 AP Div 中，打开"插入"面板，执行"常用—图像"命令，插入 images 文件夹中的图像 yinghua.jpg，如图6-1-13所示。

图6-1-12   图6-1-13

（10）点击"窗口"菜单，执行"窗口—AP 元素"命令，如图6-1-14所示。在"AP 元素"面板中，点击文字"apDiv1"左侧的文字，隐藏 AP Div 元素，如图6-1-15所示。

图 6 - 1 - 14

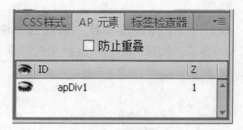

图 6 - 1 - 15

（11）参考步骤 5 ~ 10，依次绘制 apDiv2（图像 taohua. jpg，属性参照步骤 8）、apDiv3（图像 dujuanhua. jpg，属性参照步骤 8）和 apDiv4（图像 first. jpg，属性参照步骤 8）。"AP 元素"面板如图 6 - 1 - 16 所示，文档编辑区的"设计"视图如图 6 - 1 - 17 所示。

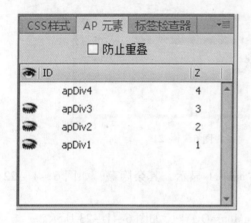

图 6 - 1 - 16

图 6 - 1 - 17

（12）点击选中文档编辑区左侧的第 3 张小图，如图 6 - 1 - 18 所示。

（13）点击"窗口"菜单，执行"窗口—标签检查器—行为"命令，如图 6 - 1 - 19 所示。

图 6 - 1 - 18

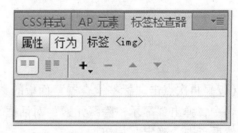

图 6 - 1 - 19

（14）点击"标签检查器"面板的"添加行为"按钮 ，弹出行为列表，如图 6－1－20所示。执行"显示—隐藏元素"命令，弹出"显示—隐藏元素"对话框，如图 6－1－21所示。

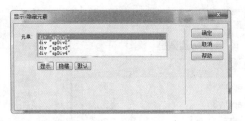

图 6－1－20　　　　　　　　　　图 6－1－21

（15）设置"显示—隐藏元素"对话框，apDiv1 显示，其余隐藏，如图 6－1－22 所示，然后点击"确定"按钮。

（16）在事件列表中，左侧的事件选择"onMouseOver"，如图 6－1－23 所示。

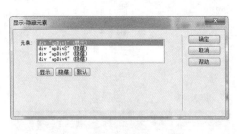

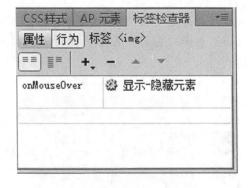

图 6－1－22　　　　　　　　　　图 6－1－23

（17）再次点击"标签检查器"面板的"添加行为"按钮 ，执行"显示—隐藏元素"命令，弹出"显示—隐藏元素"对话框，apDiv4 显示，其余隐藏，如图 6－1－24 所示，然后点击"确定"按钮。

（18）在事件列表中，左侧的事件选择"onMouseOut"，如图 6－1－25 所示。

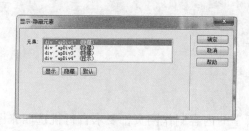

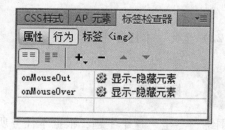

图 6 - 1 - 24

图 6 - 1 - 25

（19）点击选中文档编辑区左侧的第 2 张小图，参考步骤 12～17，完成该图的行为效果设置。事件 onMouseOver 状态只显示 apDiv2，其余隐藏，如图 6 - 1 - 26 所示。事件 onMouseOut 状态只显示 apDiv4，其余隐藏，如图 6 - 1 - 27 所示。事件列表如图 6 - 1 - 28 所示。

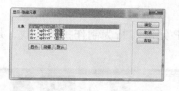

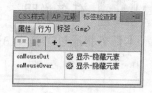

图 6 - 1 - 26

图 6 - 1 - 27

图 6 - 1 - 28

（20）点击选中文档编辑区左侧的第 1 张小图，参考步骤 12～17，完成该图的行为效果设置。事件 onMouseOver 状态只显示 apDiv3，其余隐藏，如图 6 - 1 - 29 所示。事件 onMouseOut 状态只显示 apDiv4，其余隐藏，如图 6 - 1 - 30 所示。事件列表如图 6 - 1 - 31 所示。

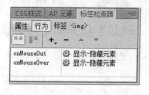

图 6 - 1 - 29

图 6 - 1 - 30

图 6 - 1 - 31

（21）点击选中状态栏的 < body > 标记，参考步骤 12～17，完成该图的行为效果设置。事件 onLoad 状态只显示 apDiv4，其余隐藏，如图 6 - 1 - 32 所示。事件列表如图 6 - 1 - 33 所示。

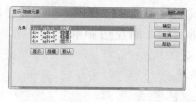

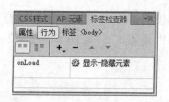

图 6 - 1 - 32

图 6 - 1 - 33

（22）至此，本任务完成。

 拓展练习

围绕"冬至"这个主题，根据本任务所学的内容制作网页，要求自行挑选四张图片，通过"显示—隐藏元素"行为实现图片的显示和隐藏互相变换的效果。

任务 2　层的运用（拖动 AP 元素）

 任务说明

本任务将通过"拖动 AP 元素"行为制作拼图游戏，最终效果如下图所示。

 任务目标

通过本任务的学习，读者能够掌握层的插入、层的属性设置，以及"拖动 AP 元素"行为的使用。

 实训步骤

（1）在 D 盘创建文件夹 website，将文件夹 D：\ website 作为本任务的本地根目录，并以此建立 Dreamweaver 站点 webpage，在站点中新建文件 0602. html，并将图片素材复制到站点，如图 6 - 2 - 1 所示。

（2）双击 0602. html，在 Dreamweaver 的文档编辑区中打开该文档，并点击文档编辑区中的 设计 按钮，使用"设计"编辑模式显示"设计"视图。页面标题设置为"层的运用（拖动 AP 元素）"，如图 6 - 2 - 2 所示。页面左边距和上边距都是 10px，如图 6 - 2 - 3所示。

图 6 - 2 - 1

图 6 - 2 - 2

图 6 - 2 - 3

（3）打开"插入"面板，执行"常用—表格"命令，弹出"表格"对话框，插入一个 1 行 1 列的表格，宽度为 600 像素，边框粗细为 2，单元格边距和单元格间距都为 0，如图 6 - 2 - 4 所示。

（4）插入 1 行 1 列的表格后，文档编辑区的"设计"视图如图 6 - 2 - 5 所示。

（5）将光标置于单元格内，在"属性"面板中，设置单元格的高度为 450px，如图 6 - 2 - 6 所示。

图 6 - 2 - 4

图 6 - 2 - 5

图 6 - 2 - 6

（6）新建 CSS 的类". biankuang"，设置边框的颜色为"#F00"，如图 6 - 2 - 7 所示。

（7）选中步骤 3 插入的表格，应用类". biankuang"，如图 6 - 2 - 8 所示。

图 6 - 2 - 7

图 6 - 2 - 8

（8）将光标置于单元格内，打开"插入"菜单，执行"常用—表格"命令，弹出"表格"对话框，插入一个 3 行 3 列的表格，宽度为 100%，边框、单元格边距和单元格间距都是 0，如图 6 - 2 - 9 所示。

（9）插入 3 行 3 列的表格后，文档编辑区的"设计"视图如图 6 - 2 - 10 所示。

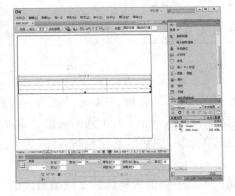

图 6 - 2 - 9 　　　　　　　　　　图 6 - 2 - 10

（10）将光标置于第 1 行第 1 列的单元格内，在"属性"面板中将单元格的宽度设置为 200px，高度设置为 150px，如图 6 - 2 - 11 所示。

（11）参考步骤 10，将其余 8 个单元的宽度均设置为 200px，高度均设置为 150px，如图 6 - 2 - 12 所示。

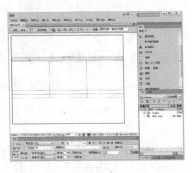

图 6 - 2 - 11 　　　　　　　　　　图 6 - 2 - 12

（12）打开"插入"面板，执行"布局—绘制 AP Div"命令，在文档编辑区的"设计"视图中拖动鼠标绘制一个 AP Div。选中 AP Div，在"属性"面板中设置左边距 10px，上边距 10px，宽度 200px，高度 150px，如图 6 - 2 - 13 所示。

（13）将光标置于 AP Div 内，打开"插入"面板，执行"常用—图像"命令，插入图像 01. jpg，如图 6 - 2 - 14 所示。

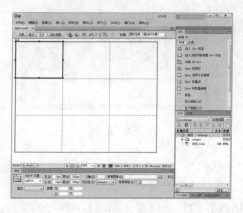

图 6 – 2 – 13

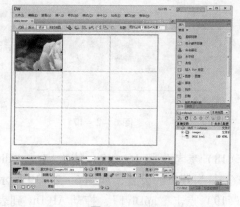

图 6 – 2 – 14

（14）参考步骤 12、13，逐行依次绘制 8 个 AP Div，并在 AP Div 中依次对应插入 02. jpg ~ 09. jpg，如图 6 – 2 – 15 所示。

（15）在状态栏中点击 HTML 标签" < body > "，打开"标签检查器"面板，点击"添加行为"按钮 **➕▾**，在弹出的行为列表中执行"拖动 AP 元素"命令，如图 6 – 2 – 16 所示。

图 6 – 2 – 15

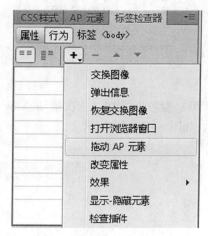

图 6 – 2 – 16

（16）执行"拖动 AP 元素"命令后，弹出"拖动 AP 元素"对话框，点击"基本"选项卡，"AP 元素"选择"div " apDiv1""，"移动"选择"不限制"，"放下目标"点击"取得目前位置"按钮（或者"左"输入"10"，"上"输入"10"），"靠齐距离"输入"30"，如图 6 – 2 – 17 所示。

（17）点击"确定"按钮后，在"标签检查器"面板的行为列表中选择"onClick"，如图 6 – 2 – 18 所示。

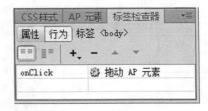

图 6 - 2 - 17　　　　　　　　　　　　　　　　　　　　**图 6 - 2 - 18**

（18）参考步骤 16、17，依次完成"div"apDiv2""～"div"apDiv9""的"拖动 AP 元素"行为效果的设置，如图 6 - 2 - 19 所示。

（19）点击"apDiv1"，拖动 AP Div 到表格以外的其他位置，如图 6 - 2 - 20 所示。

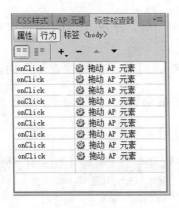

图 6 - 2 - 19　　　　　　　　　　　　　　**图 6 - 2 - 20**

（20）参考步骤 19，依次拖动"div "apDiv2""～"div"apDiv9""到表格以外的其他位置，如图 6 - 2 - 21 所示。

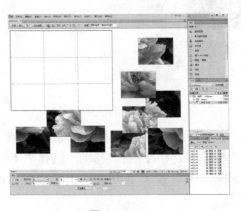

图 6 - 2 - 21

（21）至此，本任务完成。

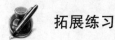

 拓展练习

围绕"冬至"这个主题，根据本任务所学的内容制作网页，自行挑选一张图片并利用 PhotoShop 等图像处理软件将所选图片划分为若干份，最后通过"拖动 AP 元素"行为制作拼图游戏。

任务3　框架的运用

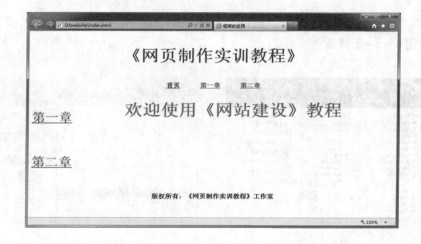 **任务说明**

本任务将通过框架制作一个简单的网络教程网站，最终效果如下图所示。

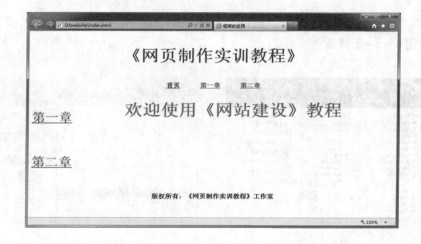

 任务目标

通过本任务的学习，读者能够掌握如何新建框架页面、保存框架页面，以及框架页面的属性设置等。

 实训步骤

（1）在 D 盘创建文件夹 website，将文件夹 D：\ website 作为本任务的本地根目录，并以此建立 Dreamweaver 站点 webpage。复制源文件夹 html 到站点，html 文件夹包含 10 个文件，分别是 bottom. html、first. html、first01. html、first02. html、left. html、main. html、second. html、second01. html、second02. html、top. html。如图 6 - 3 - 1 所示。

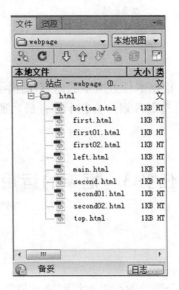

图 6 - 3 - 1

（2）在"欢迎屏幕"窗口中，执行"新建—HTML"命令，创建 HTML 页面，如图 6 - 3 - 2和图 6 - 3 - 3 所示。

图 6 - 3 - 2

图 6 - 3 - 3

（3）执行"插入—HTML—框架—上方及下方"命令，创建框架页面，如图 6 - 3 - 4 和图 6 - 3 - 5 所示。

图 6 - 3 - 4

图 6 - 3 - 5

（4）在弹出的"框架标签辅助功能属性"对话框中，框架选择"bottomFrame"，标题输入"bottom"，如图 6 - 3 - 6 所示；框架选择"topFrame"，标题输入"top"，如图 6 - 3 - 7 所示；框架选择"mainFrame"，标题输入"main"，如图 6 - 3 - 8 所示。

图 6 - 3 - 6 　　　　　　　　　图 6 - 3 - 7 　　　　　　　　　图 6 - 3 - 8

（5）点击"确定"按钮，将产生一个上中下结构的框架集，文档编辑区如图 6 - 3 - 9 所示。

（6）将光标置于框架集的中间部分，如图 6 - 3 - 10 所示。

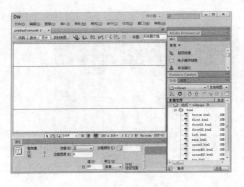 

图 6 - 3 - 9 　　　　　　　　　　　　　图 6 - 3 - 10

（7）执行"修改—框架集—拆分右框架"命令，框架集的中间部分将分为左右两部分，如图 6 - 3 - 11 和图 6 - 3 - 12 所示。

图 6 - 3 - 11 　　　　　　　　　　　　　图 6 - 3 - 12

（8）执行"窗口—框架"命令，打开"框架"面板，如图6-3-13所示。

（9）在"框架"面板中，点击外粗边框，显示框架集的"属性"面板，如图6-3-14所示。

图6-3-13 　　　　　　　　　　　图6-3-14

（10）在框架集的"属性"面板中，右侧的框架集图例点击顶端部分，行的高度设置为200像素，如图6-3-15所示。

（11）在框架集的"属性"面板中，右侧的框架集图例点击中间部分，行的高度设置为1像素，如图6-3-16所示。

图6-3-15 　　　　　　　　　　　图6-3-16

（12）在框架集的"属性"面板中，右侧的框架集图例点击底端部分，行的高度设置为80像素，如图6-3-17所示。

（13）在"框架"面板中，点击内粗边框，显示框架集的"属性"面板，如图6-3-18所示。

图6-3-17 　　　　　　　　　　　图6-3-18

（14）在框架集的"属性"面板中，右侧的框架集图例点击左侧部分，列的宽度设置为250像素，如图6-3-19所示。

（15）在框架集的"属性"面板中，右侧的框架集图例点击右侧部分，列的宽度设置为1像素，如图6-3-20所示。

图6-3-19　　　　　　　　　　　图6-3-20

（16）框架集页面的各部分位置比例如图6-3-21所示。

（17）在"框架"面板中，点击外粗边框，如图6-3-22所示。

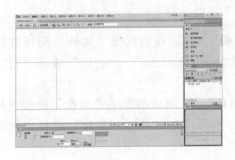

图6-3-21　　　　　　　　　　　图6-3-22

（18）执行"文件—框架集另存为"命令，如图6-3-23所示。弹出"另存为"对话框，将文档重命名为"index.html"，保存在站点webpage的根目录下，如图6-3-24所示。

图6-3-23　　　　　　　　　　　图6-3-24

（19）点击"保存"按钮后，弹出"复制相关文件"对话框，如图 6 - 3 - 25 所示。

（20）点击"取消"按钮，Dreamweaver 页面如图 6 - 3 - 26 所示。

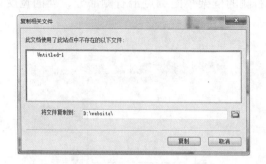 

图 6 - 3 - 25　　　　　　　　　　　　　　　　图 6 - 3 - 26

（21）在文档编辑区的"标题"位置输入"框架的运用"，如图 6 - 3 - 27 所示。

图 6 - 3 - 27

（22）点击"框架"面板中的"topFrame"，在对应的框架"属性"面板进行设置，"框架名称"输入"top"，源文件的路径为"html/top. html"，"边框"选择"否"，如图 6 - 3 - 28所示。

（23）点击"框架"面板中的"没有名称"，在对应的框架"属性"面板进行设置，"框架名称"输入"left"，源文件的路径为"html/left. html"，"边框"选择"否"，如图 6 - 3 - 29所示。

图 6 - 3 - 28　　　　　　　　　　　　　　　　图 6 - 3 - 29

（24）点击文档编辑区的 代码 按钮，使用"代码"编辑模式显示"代码"视图，这时可以发现以下代码已经被选中：

< frame src = " html/left. html" frameborder = " no" id = " left" >

（25）在步骤24所示的代码中添加内容"name = " left""，具体代码如下所示：

< frame src = "html/left. html" frameborder = "no" id = "left" name = "left" >

（26）点击"框架"面板中的"mainFrame"，在对应的框架"属性"面板进行设置，"框架名称"输入"main"，源文件的路径为"html/main. html"，"边框"选择"否"，如图6 - 3 - 30所示。

（27）点击"框架"面板中的"bottomFrame"，在对应的框架"属性"面板进行设置，"框架名称"输入"bottom"，源文件的路径为"html/bottom. html"，"边框"选择"否"，如图6 - 3 - 31所示。

图6 - 3 - 30　　　　　　　　　　　图6 - 3 - 31

（28）完成框架集页面各部分的属性参数设置后，如图6 - 3 - 32所示。

图6 - 3 - 32

（29）在"框架"面板中，选中"top"框架的文字内容"首页"，链接的路径为".. /index. html"，"目标"选择"_ parent"，如图6 - 3 - 33所示。

（30）在"框架"面板中，选中"top"框架的文字内容"第一章"，链接的路径为"first. html"，"目标"选择"left"，如图6 - 3 - 34所示。

图6 - 3 - 33　　　　　　　　　　　图6 - 3 - 34

（31）在"框架"面板中，选中"top"框架的文字内容"第二章"，链接的路径为

"second. html","目标"选择"left",如图6-3-35所示。

(32)在"框架"面板中,选中"left"框架的文字内容"第一章",链接的路径为"first. html","目标"选择"left",如图6-3-36所示。

图6-3-35   图6-3-36

(33)在"框架"面板中,选中"left"框架的文字内容"第二章",链接的路径为"second. html","目标"选择"left",如图6-3-37所示。

图6-3-37

(34)双击 html/first. html,在 Dreamweaver 的文档编辑区中打开该文档,并点击文档编辑区中的 设计 按钮,使用"设计"编辑模式显示"设计"视图,如图6-3-38所示。

图6-3-38

(35)选中文字内容"第一节",链接的路径为"first01. html","目标"选择"main",如图6-3-39所示。

(36)选中文字内容"第二节",链接的路径为"first02. html","目标"选择"main",如图6-3-40所示。

图6-3-39   图6-3-40

（37）双击 html/second. html，在 Dreamweaver 的文档编辑区中打开该文档，并点击文档编辑区中的 设计 按钮，使用"设计"编辑模式显示"设计"视图，如图 6 - 3 - 41 所示。

图 6 - 3 - 41

（38）选中文字内容"第一节"，链接的路径为"second01. html"，"目标"选择"main"，如图 6 - 3 - 42 所示。

（39）选中文字内容"第二节"，链接的路径为"second02. html"，"目标"选择"main"，如图 6 - 3 - 43 所示。

图 6 - 3 - 42　　　　　　　　　　　　　图 6 - 3 - 43

（40）至此，本任务完成。

 拓展练习

围绕"冬至"这个主题，根据本任务所学的内容，通过框架制作一个简单的网站。

任务 4　浮动框架（嵌入式框架）的运用

 任务说明

本任务将通过浮动框架制作《诗经》欣赏网站，最终效果如下图所示。

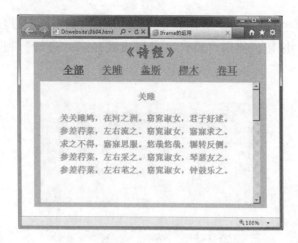

 任务目标

通过本任务的学习，读者能够掌握浮动框架的插入和属性设置。

 实训步骤

（1）在 D 盘创建文件夹 website，将文件夹 D：\ website 作为本任务的本地根目录，并以此建立 Dreamweaver 站点 webpage。复制源文件夹 others 到站点，others 文件夹包含 1 个文件"诗经. txt"。在站点根目录下新建文件夹 html，html 文件夹下新建文件 all. html。在站点根目录下新建文件 0604. html。如图 6 - 4 - 1 所示。

（2）双击 0604. html，在 Dreamweaver 的文档编辑区中打开该文档，并点击文档编辑区中的 设计 按钮，使用"设计"编辑模式显示"设计"视图，将文档的标题设置为"Iframe 的运用"，如图 6 - 4 - 2 所示。

图 6 - 4 - 1

图 6 - 4 - 2

（3）点击"插入"面板，执行"常用—表格"命令，插入一个宽度为 550 像素的 3 行 1 列的表格，表格边框粗细、单元格边距、单元格间距都设置为 0，如图 6 - 4 - 3 所示。

（4）在表格的"属性"面板中，对齐方式设置为"居中对齐"，如图 6 - 4 - 4 所示。

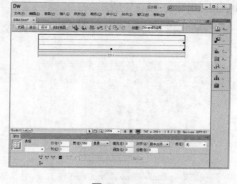

图 6 - 4 - 3　　　　　　　　　　　　图 6 - 4 - 4

（5）将光标置于表格的第一行，在"属性"面板中单元格的高度设置为 50px，水平和垂直均居中对齐，如图 6 - 4 - 5 所示。

（6）将光标置于表格的第二行，在"属性"面板中单元格的高度设置为 30px，水平和垂直均居中对齐，如图 6 - 4 - 6 所示。

图 6 - 4 - 5　　　　　　　　　　　　图 6 - 4 - 6

（7）将光标置于表格的第三行，在"属性"面板中单元格的高度设置为 300px，水平和垂直均居中对齐，如图 6 - 4 - 7 所示。

（8）新建 CSS 类". tablebg"，设置背景颜色为"#6CF"，如图 6 - 4 - 8 所示。

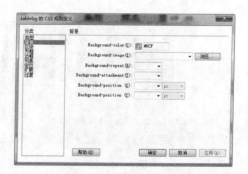

图 6 - 4 - 7　　　　　　　　　　　　图 6 - 4 - 8

（9）在文档编辑区的状态栏点击 HTML 标签"< table >"，选中整个表格，应用 CSS 类". tablebg"，如图 6 - 4 - 9 所示。

（10）在表格的第一行输入文字内容"《诗经》"，如图 6 - 4 - 10 所示。

图 6 - 4 - 9　　　　　　　　　　　　图 6 - 4 - 10

（11）新建 CSS 类". biaoti"，字体为"华文行楷"，大小为"36px"，粗细为"bold"，颜色为"#F00"，如图 6 - 4 - 11 所示。

（12）选中文字内容"《诗经》"，应用 CSS 类". biaoti"，如图 6 - 4 - 12 所示。

图 6 - 4 - 11　　　　　　　　　　　　图 6 - 4 - 12

（13）在表格的第二行中输入文字内容"全部　关雎　螽斯　樛木　卷耳"，每两个文字之间用 6 个空格（ ）间隔开来，如图 6 - 4 - 13 所示。

（14）新建 CSS 类". caidan"，字体为"华文宋体"，大小为"24px"，粗细为"bold"，颜色为"#00F"，如图 6 - 4 - 14 所示。

图 6 - 4 - 13　　　　　　　　　　　　图 6 - 4 - 14

（15）选中文字内容"全部　关雎　螽斯　樛木　卷耳"，应用 CSS 类". caidan"，如

图 6 - 4 - 15 所示。

（16）将光标置于表格的第三行，点击"插入"面板，执行"常用—标签选择器"命令，弹出"标签选择器"对话框。在对话框中执行"标记语言标签—HTML 标签—页面元素—iframe"命令，如图 6 - 4 - 16 所示。

图 6 - 4 - 15　　　　　　　　　图 6 - 4 - 16

（17）点击"插入"按钮，弹出"标签编辑器 – iframe"对话框，源为"html/all. html"，名称为"main"，宽度为 520，高度为 280，边距宽度和高度均为 0，对齐方式为"中间"，滚动为"自动（默认）"，不显示边框，如图 6 - 4 - 17 所示。

（18）点击"确定"按钮，如图 6 - 4 - 18 所示。

图 6 - 4 - 17　　　　　　　　　图 6 - 4 - 18

（19）点击"关闭"按钮，如图 6 - 4 - 19 所示。

（20）在状态栏点击 HTML 标签"< iframe >"，或者点击表格第三行的灰色块，选中 iframe 区域。在 拆分 模式的"代码"视图中，如下代码被选中：

图 6 - 4 - 19

```
< iframe src = " html/all. html"  name = " main"  width =
"520"  marginwidth = "0"
height = "280"  marginheight = "0"  align = " middle"
scrolling = " auto"  frameborder = "0" >
</ iframe >
```

（21）找到步骤 20 所示的代码，删除其后的空格标记" "，代码如下所示：

```
< td height = "300" align = "center" valign = "middle" >
< iframe src = "html/all. html" name = "main" width = "520" marginwidth = "0"
height = "280" marginheight = "0" align = "middle"
scrolling = "auto" frameborder = "0" >
< /iframe >
< /td >
```

（22）双击 html/all. html，在 Dreamweaver 的文档编辑区中打开该文档，并点击文档编辑区中的 设计 按钮，使用"设计"编辑模式显示"设计"视图，如图 6 – 4 – 20 所示。

（23）在"属性"面板中，点击"页面属性"按钮，弹出"页面属性"对话框，背景颜色设置为"#FFC"，如图 6 – 4 – 21 所示。

（24）点击"插入"面板，执行"常用—表格"命令，插入一个宽度为 500 像素的 1 行 1 列的表格，边框粗细、单元格边距、单元格间距都是 0，如图 6 – 4 – 22 所示。

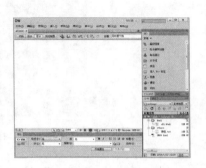

图 6 – 4 – 20

图 6 – 4 – 21

图 6 – 4 – 22

（25）点击"确定"按钮，在文档编辑区插入一个表格。将光标置于表格内，在"属性"面板中设置单元格水平和垂直均居中对齐，如图 6 – 4 – 23 所示。

（26）打开 others 文件夹中的"诗经. txt"，选中全部文字内容，复制到 all. html 的表格里面，如图 6 – 4 – 24 所示。

图 6 – 4 – 23

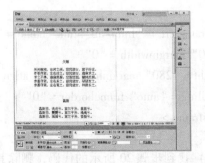

图 6 – 4 – 24

（27）新建 CSS 类 ".wz"，字体大小为 "20px"，行高为 "30px"，粗细为 "bold"，颜色为 "#F66"，如图 6 - 4 - 25 所示。

（28）选中单元格内的所有文字内容，应用类 ".wz"，如图 6 - 4 - 26 所示。

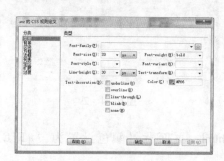

图 6 - 4 - 25　　　　　　　　　　　图 6 - 4 - 26

（29）点击文档编辑区中的 代码 按钮，使用"代码"编辑模式显示"代码"视图，如图 6 - 4 - 27 所示。

图 6 - 4 - 27

（30）在代码 "</style>" 的上面添加与页面滚动条有关的 CSS 效果，如下所示：

```
html{
    overflow-x:hidden;                    /*隐藏水平滚动条*/
    scrollbar-arrow-color:#F00;           /*上下按钮中三角箭头的颜色*/
    scrollbar-base-color:#3F6;            /*滚动条的基本颜色*/
}
```

（31）添加完成后如图 6 - 4 - 28 所示。

（32）至此，完成 all.html 的操作。浏览 0604.html，如图 6 - 4 - 29 所示。

图 6 - 4 - 28

图 6 - 4 - 29

（33）在 html 文件夹中新建文件 01. html，页面背景颜色设置为"#FFC"，如图 6 - 4 - 30所示。

图 6 - 4 - 30

（34）在 01. html 中插入一个宽度为 500 像素的 1 行 1 列的表格，边框粗细、单元格边距、单元格间距都设置为 0，如图 6 - 4 - 31 所示。

（35）选中"诗经 . txt"里面有关"关雎"的内容，复制到单元格里面，如图 6 - 4 - 32所示。

图 6 - 4 - 31

图 6 - 4 - 32

（36）新建类". wz"，字体大小为"20px"，粗细为"bold"，行高为"30px"，颜色为"#360"，如图 6 - 4 - 33 所示。

（37）选中表格内的所有文字，应用类"．wz"，如图6-4-34所示。

图6-4-33　　　　　　　　　　　图6-4-34

（38）在html文件夹中新建文件02. html（"蓁斯"），参考步骤33~37，完成页面的操作，其中类"．wz"如图6-4-35所示（字体颜色为"#609"），完成后页面如图6-4-36所示。

图6-4-35　　　　　　　　　　　图6-4-36

（39）在html文件夹中新建文件03. html（"樛木"），参考步骤33~37，完成页面的操作，其中类"．wz"如图6-4-37所示（字体颜色为"#F39"），完成后页面如图6-4-38所示。

图6-4-37　　　　　　　　　　　图6-4-38

（40）在html文件夹中新建文件04. html（"卷耳"），参考步骤33~37，完成页面的操作，其中类"．wz"如图6-4-39所示（字体颜色为"#C60"），完成后页面如图

6 - 4 - 40所示。

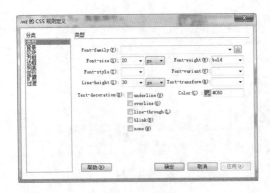
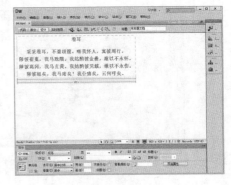

图 6 - 4 - 39　　　　　　　　　　　　　　　图 6 - 4 - 40

（41）双击 0604. html，在文档编辑区的 设计 视图中打开页面，选中文字内容"全部"，链接路径为"html/all. html"，目标为"main"，如图 6 - 4 - 41 所示。

图 6 - 4 - 41

（42）选中文字内容"关雎"，链接路径为"html/01. html"，目标为"main"，如图 6 - 4 - 42所示。

（43）选中文字内容"螽斯"，链接路径为"html/02. html"，目标为"main"，如图 6 - 4 - 43所示。

图 6 - 4 - 42　　　　　　　　　　　　　　　图 6 - 4 - 43

（44）选中文字内容"樛木"，链接路径为"html/03. html"，目标为"main"，如图 6 - 4 - 44所示。

（45）选中文字内容"卷耳"，链接路径为"html/04. html"，目标为"main"，如图 6 - 4 - 45所示。

图 6 - 4 - 44　　　　　　　　　　　　　　　图 6 - 4 - 45

（46）完成步骤 41 ~ 45 的操作后，如图 6 - 4 - 46 所示。

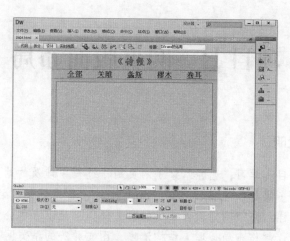

图 6 – 4 – 46

（47）至此，本任务完成。

 拓展练习

围绕"冬至"这个主题，根据本任务所学的内容制作网页，通过浮动框架制作一个简单的网站。

项目七　网页版面布局

项目说明

通过前面6个项目的学习，已经掌握了网页制作过程中涉及的站点、页面、文字、超链接、列表、图片、多媒体、表格、表单、Spry组件、层、框架（浮动框架）的制作方法。本项目将向读者详细介绍网页版面布局的有关操作，让读者学会如何用不同的布局方式组织各种网页元素，制作布局合理、结构清晰、图文并茂的精美网页。

专业能力

1. 能完成网页整体布局规划
2. 能利用表格、浮动框架、CSS + DIV进行网站美工设计与制作
3. 能利用表格、浮动框架、CSS + DIV进行网站功能设计与制作

方法能力

1. 能根据页面要求搜集各类原始素材，并进行有效的筛选和处理
2. 能够根据项目制订工作计划，并能组织或协同执行工作计划
3. 懂得选用Dreamweaver、PhotoShop、Flash等软件进行网站制作
4. 具备一定的敏锐度，能够发掘出新的创意，并能从不同角度进行美化设计和功能完善

任务1　利用表格布局页面

任务说明

本任务将在Dreamweaver CS6中利用表格对网页进行布局，最终效果如下图所示。

 任务目标

通过本任务的学习，读者能够掌握如何利用嵌套表格的方法布局网页。

 实训步骤

（1）在 D 盘创建文件夹 website，将文件夹 D：\ website 作为网站的本地根目录。制作网站的过程中，有关的图片素材统一存放在 D：\ website \ images 文件夹中。

（2）运行 Dreamweaver CS6，新建一个空白的网页，保存到 D：\ website 目录下，命名为 index. html。

（3）执行"插入—表格"，弹出"表格"对话框，插入一个 3 行 1 列的表格，具体参数如图 7 - 1 - 1 所示。表格效果如图 7 - 1 - 2 所示。

（4）在表格的第一行插入图片 top. jpg，如图 7 - 1 - 3 所示。

图 7 - 1 - 1

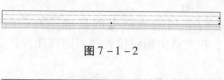

图 7 - 1 - 2

图 7 - 1 - 3

（5）在表格的第二行插入一个 1 行 2 列的表格，参数如图 7 - 1 - 4 所示。

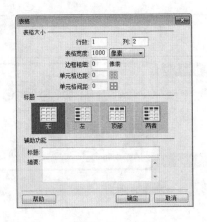

图 7 - 1 - 4

（6）在 1 行 2 列的表格中的左边单元格内插入一个 8 行 1 列的表格，参数如图 7 - 1 - 5所示。效果如图 7 - 1 - 6 所示。在表格中插入导航栏图片，效果如图 7 - 1 - 7 所示。

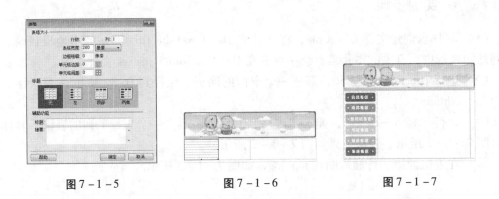

图 7 - 1 - 5   图 7 - 1 - 6   图 7 - 1 - 7

（7）在 1 行 2 列的表格中的右边单元格内插入一个 3 行 3 列的表格，参数如图 7 - 1 - 8所示。在表格中相应位置插入圆框图片，效果如图 7 - 1 - 9 所示。

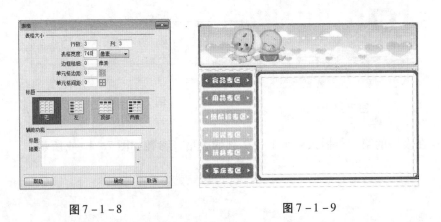

图 7 - 1 - 8   图 7 - 1 - 9

（8）在 3 行 3 列的表格中间的单元格中插入一个 5 行 4 列的表格，参数如图 7 - 1 - 10

所示。效果如图 7 - 1 - 11 所示。

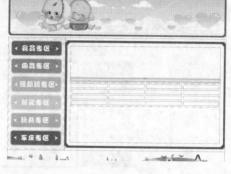

图 7 - 1 - 10 　　　　　　　　　　　　　图 7 - 1 - 11

（9）在表格的第 1、4 两行插入产品图片，在第 2、5 行写入相关信息。效果如图 7 - 1 - 12所示。

图 7 - 1 - 12

（10）单击 CSS 面板中的 Ⅹ 按钮，如图 7 - 1 - 13 所示，弹出"新建 CSS 规则"面板，在"选择器类型"选项中选取"标签（重新定义 HTML 元素）"，在"选择器名称"选项中选取"td"，在"规则定义"选项中选取"（仅限该文档）"，如图 7 - 1 - 14 所示。按"确定"进入设置规则界面，如图 7 - 1 - 15 所示，设置表格中文字居中对齐。

图 7 - 1 - 13 　　　　　　　图 7 - 1 - 14 　　　　　　　图 7 - 1 - 15

（11）在最初建立的表格的最后一行，插入图片 bo. jpg，完成本页面的制作。效果如图 7 – 1 – 16 所示。

图 7 – 1 – 16

 拓展练习

利用所给素材，通过表格布局页面的方式制作如下图所示的网页。

任务 2　利用 iframe 布局页面

 任务说明

本任务将在 Dreamweaver CS6 中利用 iframe 对网页进行布局，最终效果如下图所示。

任务目标

通过本任务的学习，读者能够掌握如何利用 iframe 布局网页。

实训步骤

（1）在 D 盘创建文件夹 website，将文件夹 D：\ website 作为网站的本地根目录。制作网站的过程中，有关的图片素材统一存放在 D：\ website \ images 文件夹中。

（2）利用 Photoshop CS6，制作一张图片，如图 7-2-1 所示。

（3）利用 Photoshop 将图片切片，如图 7-2-2，并执行命令"文件—存储为 Web 所用格式"，把图片保存成网页形式，主页命名为 index. html。

图 7-2-1

图 7-2-2

（4）利用 Dreamweaver CS6 打开网页 index. html，在代码中 < head > 部分加入如图

7-2-3所示的代码：

```
<style type="text/css">
td img {display: block;}
body {  margin-top: 0px;}
</style>
```

图7-2-3

（5）在网页中把"公告""登录"下面的图片在原位置设为背景图片，在"公告"下的位置插入一段表格文字，在"登录"下的位置插入表单。如图7-2-4所示。

（6）新建一个网页，保存在 D：\ website \ html 文件夹中，文件名为 01. html。在网页中插入一个表格，参数如图7-2-5所示。完成后在表格属性中，高（H）设为518。

图7-2-4   图7-2-5

（7）在表格中加入文字，效果如图7-2-6所示。完成后保存文件。

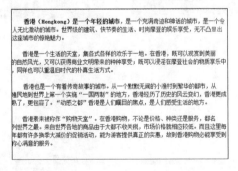

图7-2-6

（8）利用以上两步的方法，建立 02. html 至 07. html 共6个网页文件。

（9）把 index. html 网页中间右部位置的白色图片设置为背景图片，并在代码中写入如

图 7 - 2 - 7 所示代码。完成后网页效果如图 7 - 2 - 8 所示。

```
<td rowspan="5" colspan="9" background="images/hk_r4_c9.jpg">
<iframe src="html/01.html" name="main" width="552" marginwidth="0"
height="518" marginheight="0" scrolling="Auto" frameborder="0" id=
"main"></iframe></td>
```

图 7 - 2 - 7   图 7 - 2 - 8

提示：查看 index. html 的 HTML 代码，如果发现以下的代码，必须删除，否则浮动框架中的内容无法显示。

```
1  <!DOCTYPE html PUBLIC "-//W3C//DTD XHTML 1.0 Transitional//EN"
2  "http://www.w3.org/TR/xhtml1/DTD/xhtml1-transitional.dtd">
3  <!-- saved from url=(0014)about:internet -->  删除
4  <html xmlns="http://www.w3.org/1999/xhtml">
5  <head>
```

（10）设置导航栏超链接。点击"首页"图片，在"属性"面板中"链接"指向 01. html，"目标"设置为"main"，如图 7 - 2 - 9 所示。

（11）完成的网页如图 7 - 2 - 10 所示。

图 7 - 2 - 9   图 7 - 2 - 10

 拓展练习

利用所给素材，通过浮动框架布局页面的方式制作如下图所示的网页。

任务 3 利用 CSS + DIV 布局页面

 任务说明

本任务将在 Dreamweaver CS6 中利用 CSS + DIV 对网页进行布局，最终效果如下图所示。

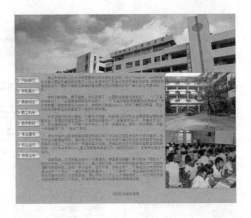

 任务目标

通过本任务的学习，读者能够掌握如何利用 CSS + DIV 的方法布局网页。

 实训步骤

（1）在 D 盘创建文件夹 website，将文件夹 D：\ website 作为网站的本地根目录。制作网站的过程中，有关的图片素材统一存放在 D：\ website \ images 文件夹中。

（2）运行 Dreamweaver CS6，新建一个空白的网页，保存到 D：\ website 目录下，命名为 index. html。

（3）执行"插入—布局对象—Div 标签"，弹出"插入 Div 标签"对话框，设置如图 7 – 3 – 1所示，网页效果如图 7 – 3 – 2 所示。

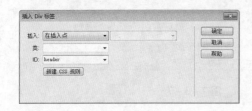

图 7 – 3 – 1　　　　　　　　　　　　　　图 7 – 3 – 2

（4）再次执行"插入—布局对象—Div 标签"，弹出"插入 Div 标签"对话框，设置如图 7 – 3 – 3 所示，用同样的方法插入其余的 Div 标签，并设置相应参数，最终网页效果如图 7 – 3 – 4 所示。

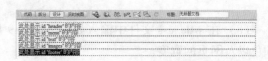

图 7 – 3 – 3　　　　　　　　　　　　　　图 7 – 3 – 4

（5）执行"文件—新建"，弹出"新建文档"对话框，在"空白页"选项面板的"页面类型"列表框中选择"CSS"，如图 7 – 3 – 5 所示。按"创建"按钮创建 CSS 样式表，保存为 style. css 文件。

图 7 – 3 – 5

（6）打开 index. html 文件，再打开"CSS 样式"面板，如图 7 – 3 – 6 所示，选择面板底部的"附加样式表"按钮。在弹出的"链接外部样式表"对话框中选择 style. css 文件，如图 7 − 3 − 7 所示，就可以用 style. css 文件的样式属性定义网页的外观。

 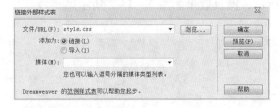

图 7 − 3 − 6 　　　　　　　　　　　图 7 − 3 − 7

（7）点击窗口左上部的"style. css"及"拆分"按钮，把工作环境设置成如图 7 − 3 − 8 所示。

图 7 − 3 − 8

（8）在 sytle. css 文件中输入如图 7 − 3 − 9 所示的代码，设置网页文字的字体、字号、颜色以及网页的宽度。

（9）在 style. css 文件中输入如图 7 − 3 − 10 所示的代码，设置各 Div 的样式。设置 Div 文本的对齐方式，Div 的大小及其定位。

```
body {
    font-family: "宋体";
    font-size: 12px;
    color: #930;
    width: 780px;
}
```

```
#header {
    text-align: center;
    height:200px;
    width:780px;
    position:absolute;
    top:0px;
    left:0px;
}
```

图 7 − 3 − 9 　　　　　　　　　　　图 7 − 3 − 10

（10）按同样的方法，在 style. css 文件中输入如图 7 − 3 − 11（a）和图 7 − 3 − 11（b）所示的代码，设置各 Div 的样式。设置 Div 的背景图片、文本的对齐方式，此 Div 的大小及其定位。完成后效果如图 7 − 3 − 12 所示。

```
#menu {
    background-image: url(images/bg.gif);
    text-align: center;
    height:400px;
    width:90px;
    position:absolute;
    top:200px;
    left:0px;
}

#text {
    background-image: url(images/bg.gif);
    text-indent: 2em;
    height:400px;
    width:440px;
    position:absolute;
    top:200px;
    left:90px;
}
```

```
#images {
    background-image: url(images/bg.gif);
    height:400px;
    width:250px;
    position:absolute;
    top:200px;
    left:530px;
}

#footer {
    background-image: url(images/bg.gif);
    height:50px;
    width:780px;
    text-align: center;
    position:absolute;
    top:600px;
    left:0px;
}
```

图 7 – 3 – 11（a）　　　　　　　　　　　图 7 – 3 – 11（b）

图 7 – 3 – 12

（11）在相应的 Div 中加入图片和文字。完成后效果如图 7 – 3 – 13 所示。

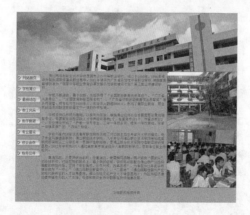

图 7 – 3 – 13

（12）至此，本任务完成。

拓展练习

利用所给素材，通过 CSS + DIV 布局页面的方式制作如下图所示的网页。

参考文献

[1] 宜亮等 . Web 开发典藏大系：DIV + CSS 网页样式与布局实战详解[M]. 北京：清华大学出版社，2013.

[2] 刘西杰，柳林 . HTML、CSS、JavaScript 网页制作从入门到精通[M]. 北京：人民邮电出版社，2013.

[3] 王玉华，赵芳，卢向往 . Adobe Dreamweaver CS6 网页设计与制作案例技能实训教程[M]. 北京：北京希望电子出版社，2014.

[4] 何新起 . Dreamweaver CS6 完美网页制作：基础、实例与技巧从入门到精通[M]. 北京：人民邮电出版社，2013.

[5] 李永利，姚红玲 . 中文版 Dreamweaver CS6 网页制作案例教程[M]. 镇江：江苏大学出版社，2014.

[6] 张明星 . Dreamweaver CS6 网页设计与制作详解[M]. 北京：清华大学出版社，2014.

[7] 文杰书院 . 新起点电脑教程：Dreamweaver CS6 网页设计与制作基础教程[M]. 北京：清华大学出版社，2014.

[8] 李启宏 . 网页好设计：Dreamweaver 网页布局×特效设计应用大全[M]. 北京：中国铁道出版社，2014.